产后催乳瘦身四格营养餐

王兴国　任洪叶　姜　丹◎著

中国妇女出版社

图书在版编目（CIP）数据
产后催乳瘦身四格营养餐 / 王兴国，任洪叶，姜丹著. -- 北京 : 中国妇女出版社，2025. 8. -- ISBN 978-7-5127-2504-1
Ⅰ. TS972.164
中国国家版本馆CIP数据核字第20252B3V80号

责任编辑：陈经慧
封面设计：末末美书
责任印制：李志国

出版发行：中国妇女出版社
地　　址：北京市东城区史家胡同甲24号　　邮政编码：100010
电　　话：（010）65133160（发行部）　　65133161（邮购）
网　　址：www.womenbooks.cn
邮　　箱：zgfncbs@womenbooks.cn
法律顾问：北京市道可特律师事务所
经　　销：各地新华书店
印　　刷：北京中科印刷有限公司

开　　本：165mm×235mm　1/16
印　　张：13.25
字　　数：150千字
版　　次：2025年8月第1版　　2025年8月第1次印刷
定　　价：59.80元

序

在第十四届全国人民代表大会第三次会议民生主题记者会上，国家卫生健康委员会主任雷海潮表示，将实施“体重管理年”3年行动，普及健康生活方式，加强慢性病防治。哺乳期妇女作为特定人群，她们在体重管理方面更是面临着新的挑战。一方面，考虑到她们生理和营养需要的特殊性，需要在膳食结构上有更高的要求；另一方面，过度进食、活动不足、生活方式不健康，是很多新手妈妈面临的现状。这也让产后营养和体重管理越来越受到新手妈妈的重视。《产后催乳瘦身四格营养餐》一书应运而生，它为产后女性提供了科学、实用的营养指导。

首先，本书最大的亮点在于其科学性和实用性。作者们根据《中国居民膳食营养素参考摄入量》和《中国居民膳食指南》的最新标准，结合产后女性的特殊生理需求，设计了催乳和瘦身双重目标的营养餐谱。这些餐谱不仅注重营养的全面性和均衡性，还兼顾了食物的可口性和多样性，使得新手妈妈在享受美食的同时，也能达到营养和健康的目标。

其次，书中提出的“四格配餐法”是一个创新的饮食理念。这种方法就是将餐盘分为四个格子，分别装上主食、蛋白质食物、蔬菜和其他补充食材，使得每一餐都能实现营养均衡。这种简单易行的配餐方式，大大降低了人们践行健康饮食原则的难度，对于忙碌的新手妈妈来说，尤其具有实用价值。

再次，本书详细介绍了蛋白质、EPA+DHA、钙、铁、碘、锌、维生素 A 和维生素 D 等各种关键营养素的补充方法，为新手妈妈提供了丰富的营养知识。同时，书中还提供了大量的食谱和烹饪技巧，帮助新手妈妈在日常生活中轻松实现营养均衡。

此外，本书还关注了产后体重管理的问题，提出了合理的饮食和运动建议。书中指出，产后 1 年内是产妇体重恢复的关键时期，通过合理膳食和充足的身体活动等综合措施，可以帮助产妇逐渐达到并维持健康体重。这些建议对于预防产后体重滞留和后续的超重、肥胖问题具有重要的意义。

最后，我想强调的是，本书的作者们作为专业的营养师，始终坚持以科学的态度和严谨的方法为新手妈妈提供营养指导。他们在书中不仅提供了丰富的营养知识，还关注了新手妈妈的心理和情感需求，倡导愉悦心情、充足睡眠等健康生活方式。我相信，这本书将为广大新手妈妈提供有力的支持和帮助，使她们在产后恢复期间能够更好地照顾自己和宝宝。

总之，《产后催乳瘦身四格营养餐》是一本为新手妈妈打造的科学、实用、充满爱心的悦己书。我衷心希望每一位新手妈妈都能从中受益，实现产后营养均衡和体重管理的双目标，成为健康、美丽的妈妈。

王兴国

2025 年 7 月 3 日 于大连

目 录

CONTENTS

下篇　产后瘦身四格月子餐营养食谱示范

减脂四格月子早餐食谱 14 例

减脂四格月子午 / 晚餐食谱 28 例

新手妈妈
产后
如何吃

新手妈妈产后既要分泌乳汁哺育孩子，也要逐步补偿孕期及分娩时的营养素消耗，并促进各器官、系统功能的恢复，因此需要更多的营养。新手妈妈所摄入的多样化平衡膳食，不仅能保证哺乳期的营养所需，还会影响乳汁的味道，对婴儿未来的膳食结构产生重大影响。母乳喂养对宝宝和妈妈都是最好的选择，任何代乳品都无法取代母乳。

新手妈妈产后需要补充的关键营养素

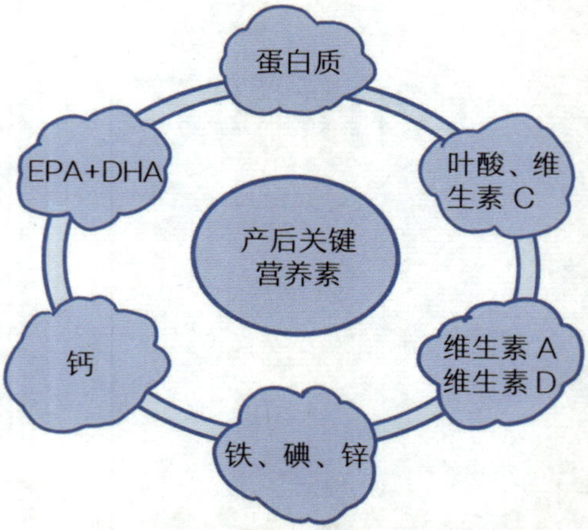

产后需要补充的关键营养素

蛋白质

新手妈妈应在一般成年女性基础上每天增加 25 克蛋白质。蛋白质的增加应满足新手妈妈每日泌乳的需要。鱼、禽、肉、蛋、奶及大豆类食物是优质蛋白质的良好来源，每天最好选用 3 种以上，合理搭配，以获得所需要的优质蛋白质及其他营养素。蛋白质含量丰富的食物如下图。

蛋白质含量丰富的食物

在本书中，上图列出的优质蛋白质都会体现在食谱里，不管是食材营养分析，还是食物制作及储存等注意事项也都会有详细的介绍，保证餐餐都有优质蛋白质的摄入，食物多样且不过量，让新手妈妈在整个哺乳期实现饮食营养均衡。

EPA+DHA

《中国居民膳食营养素参考摄入量（2023）》推荐，乳母EPA和DHA（二十二碳六烯酸）的AI（适宜摄入量）为250毫克/天，其中200毫克为DHA。足量的DHA可以用于婴儿体内所需的累积，促进其视功能及大脑发育，也可以用于补充母体DHA的氧化损失。

富含DHA的食物主要是海产鱼虾、高DHA鸡蛋及食肉淡水鱼等。除了三文鱼、金枪鱼等售价较高的海鱼之外，带鱼、秋刀鱼、鲈鱼等鱼类的DHA含量也不错。需要注意的是，大量吃鱼和其他水产品也会带来潜在的健康风险，汞污染是其中最值得关注的一种。因此，新手妈妈吃鱼尽量适度，不要为了多获取营养而过多地摄入鱼类。适度吃鱼既可吸收营养，又能避免风险。依据《中国居民膳食指南

(2022)》绘制的“中国哺乳期妇女平衡膳食宝塔”建议，产妇每日鱼虾类食物推荐摄入 75 ~ 100 克，就可以满足营养所需。

钙

乳母骨钙的流失是可以恢复的生理性变化，不受膳食钙的影响，所以乳母补钙不影响母体及婴儿骨健康，不需要额外补充，与一般成年女性的推荐摄入量是一样的，达到 800 毫克 / 天即可。钙主要在小肠吸收，吸收率与骨骼增长速度正相关，成年人的吸收率大多在 26% ~ 30%，女性 40 岁以后钙的吸收率随年龄增长而降低，所以高龄产妇需注意这一点，可酌情增加钙的补充量。

钙的主要食物来源为奶及奶制品、豆腐、叶菜、花菜、贝壳类、鱼类及辣椒类蔬菜等。乳母在补钙的同时还应该补充维生素 D 或晒太阳，增加钙的吸收及利用。如果乳母每天饮奶总量达到 500 毫升，则可获得约 540 毫克钙。奶类富含钙且易于吸收，是钙的最好食物来源。以上所列高钙食物，本书均会在食谱中有所体现。

铁、碘、锌

铁的主要生理功能包括参与体内氧的运送，组织呼吸过程，维持正常的造血功能，增强机体的抗感染能力等。当机体缺铁时，铁损耗及危害是一个从轻到重的渐进过程，通常分为下图中的三个阶段。

铁损耗及危害的渐进过程

普通成年女性每日铁的推荐摄入量（RNI）是18毫克，乳母每日铁的推荐摄入量是24毫克。一般情况下，产后6个月的乳母，在母乳喂养期间月经未恢复，此时铁的需要量包括基本的铁损失和母乳中分泌的铁。动物血、肝脏及红肉中铁含量丰富，吸收率高。产妇每日增加20～50克瘦肉可以提供铁1～2.5毫克；每周摄入1～2次动物血和肝脏，每次20～50克，可提供铁7～15毫克。这些基本能满足乳母增加的铁需要。同时，摄入含维生素C较多的蔬菜和水果，有助于提高膳食铁的吸收率与利用率。

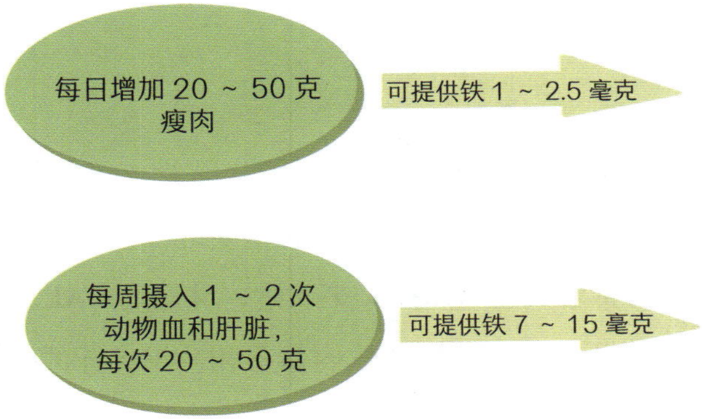

产妇铁摄入量食物推荐

碘的生理功能是通过甲状腺激素来完成的，有促进生长发育、脑发育及调节新陈代谢的作用，也对心血管系统、神经系统、消化系统及肌肉等有相关功能的影响。乳母因每日哺乳，体内的碘有损失，所以应比非哺乳女性增加120微克/天，总量达到240微克/天。

按照碘盐摄入量5克/天计算，每天通过食盐摄入碘量约为100微克。除了食盐外，每周还需要增加1～2次碘含量比较丰富的海产品摄入，比如海带、紫菜、贻贝等。可以提供140微克碘的常见食物有鲜海带120克、干紫菜3克、贻贝40克、海鱼50克。

乳母锌的生理需要量可参考成年女性生理需要量，即8.5毫克/天。“中国DRIs母乳成分研究工作组”通过综合考虑乳母哺乳后锌的丢失量，推荐乳母对锌的平均需要量（EAR）为13毫克/天。锌具有催化功能、结构功能和调节功能，在人体发育、认知行为、创伤愈合、味觉、免疫调节等方面发挥着重要作用。

锌含量较高的食物依次是肉类、蛋类、豆类和水产类，谷类和乳制品也含有丰富的锌。但过细的加工会导致大量的锌丢失，比如小麦加工成精面粉丢失约80%的锌。锌含量突出的食物包括生蚝、扇贝、口蘑及奶酪等，推荐产妇经常食用。

维生素A和维生素D

维生素A在人体视觉，维持皮肤黏膜完整性，维持和促进免疫功能，维持生长发育和生殖功能等方面都有重要的作用。膳食中维生素A的总量采用视黄醇活性当量（RAE）来表达，乳母的RAE在非孕、非哺乳妇女的基础上，要额外增加胎儿体内储备和分泌乳汁的需要，故推荐量比一般成年女性增加600微克RAE/天。

动物肝脏富含活性维生素A（视黄醇），利用效率较高，为保证乳母维生素A的需要，建议每周吃1～2次动物肝脏，总量达到85克猪肝或40克鸡肝，就可以达到推荐摄入量。当乳母维生素A营养充足时，乳汁提供的维生素A完全可以满足6月龄内婴儿的需要。

维生素D是人类必需的脂溶性维生素，也是钙磷代谢的重要调节因子之一，参与维持机体免疫功能，也可以在肌肉、脑、皮肤等骨外组织发挥作用。母乳中维生素D水平较低，所以乳母维生素D的推荐摄入量与非哺乳期成年女性相同，均为每天400国际单位（IU）。描述食物或补充剂中维生素D含量的常用单位有国际单位（IU）和微克（μg），10微克维生素 D 相当于 400IU 维生素 D。

大多数天然食物中不含维生素 D，或者含量极少；少数食物如高脂肪含量的海鱼、动物肝脏、蛋黄中含有相对较多的维生素 D ；一般的动物性食物如瘦肉和牛奶中维生素 D 含量很少；强化食品中维生素 D 的含量差异较大。所以对于产妇来说，每日直接补充 10 微克补充剂是非常推荐的。

叶酸和维生素 C

现在大家都知道，孕早期叶酸缺乏可引起胎儿神经管缺陷。中国从 2010 年开始向育龄妇女推荐叶酸补充剂，以预防胎儿神经管缺陷。对于乳母来说，每日泌乳消耗叶酸约 65 微克，若叶酸生物利用率为 50%，则需由膳食额外供给叶酸 130 微克 DFE（膳食叶酸当量），因此，乳母要比普通成年女性每日叶酸推荐摄入量（400 微克）增加 150 微克 DFE。

富含叶酸的食物有动物肝脏、豆类、坚果类、深绿色叶类蔬菜等。但天然食物中存在的叶酸是四氢叶酸的各种衍生物，均为还原型，烹调加工或遇热易分解，生物利用率低，推荐乳母服用叶酸补充剂。

维生素 C 又称抗坏血酸，是一种水溶性维生素，具有多种生理功能，包括羟化、抗氧化、免疫调节和解毒作用等。乳母的维生素 C 平均需要量要加上乳汁中维生素 C 的额外需要量，产后泌乳量按照 750 毫升 / 天来计算，乳母的维生素 C 推荐摄入量为 150 毫克 / 天，比普通成年女性的维生素 C 推荐摄入量增加 50 毫克。

维生素 C 的主要食物来源是新鲜的蔬菜与水果，如绿色、红色和黄色的辣椒、菠菜、番茄、柑橘、猕猴桃和草莓等，薯类含有少量的维生素 C，其他食物维生素 C 含量较少。

产后体重恢复的“吃”与“动”

保持适宜体重

体重是每个人都很关注的问题，产妇也不例外，但在现实生活中，超重的产妇特别多。产后超重一方面是因为孕前超重或者孕期体重增长过多，另一方面与产后体重滞留有关。

产妇体重的管理非常重要，不仅可以预防产后体重滞留，还能防止后续超重和肥胖的发生。对于产妇来说，首先要监测和评估产后体重，然后通过合理膳食和充足的身体活动等综合措施来达到并维持健康体重。

目前常用的判断健康体重的指标是体质指数（BMI），也称体重指数，其计算公式为 BMI= 体重（kg）/ 身高（m）^{2}。一般人群 BMI 和人体脂肪含量之间有很好的相关性，可以间接反映人体脂肪含量。产妇属于特殊人群，其在孕期体重增长的 3 ～ 4 千克为储备的脂肪，是为了产后母乳喂养做准备的。对于母乳喂养的产妇来说，每天随乳汁消耗的能量平均为 650 千卡（1 千卡 = 4.19 千焦），产妇坚持对 0 ～ 6 月龄的宝宝进行纯母乳喂养，有利于孕期储存脂肪的消耗和体重恢复。

超重或肥胖产妇的减重方法

对于超重或者肥胖的产妇来说，产后 1 年内是体重恢复的关键时期，尤其是在产后 6 个月左右如果能恢复到孕前体重，其后续 10 年超重的风险会较低。不过，减重过快可能会影响产后身体恢复及乳汁的分泌，所以产妇也不能减重过快，体重每周下降 0.5 千克是安全的。

一提到减重方法，就离不开“吃”与“动”。在“吃”这个关键字上，产妇常遇到的问题就是动物性食物摄入过多，因为在传统的“月子餐”中，大鱼大肉是主角，而蔬菜水果因所谓的“寒凉”导致明显摄入不足。能量过剩就特别容易出现产后体重滞留的问题。本书所提供的食谱达到了荤素搭配、粗细搭配、食材多样不过量的目标，而且还有减脂早餐及减脂午 / 晚餐的食谱，产妇可以在保证营养的前提下达到满意体重。

在“动”这个关键字上，产妇不可操之过急，应循序渐进且适度地增加身体活动。自然分娩的产妇在没有医学禁忌的前提下，一般在产后第 2 天就可以开始进行深呼吸、伸腿、转腰等产褥期保健操；剖宫产的产妇一般在术后 24 小时左右开始下床活动。需要注意的是，不建议在分娩后很快恢复高强度运动，也不要过早地进行负重劳动。

在产后的 6 ～ 8 周，根据身体恢复和体重情况，产妇可以在专业人员的指导下，逐步增加身体活动量和强度，开始进行有氧运动，如散步、慢跑等。世界卫生组织（WHO）建议产后女性逐渐恢复至每周至少 150 分钟中等强度的有氧运动，这对产后体重的管理及降低产后抑郁风险都是非常有利的。

新手妈妈需要掌握的催乳饮食法

影响乳汁分泌的因素主要包括婴儿和乳母两个方面。

婴儿的吸吮是乳母泌乳的重要因素。尽早让新生儿吸吮乳头及乳晕，可以有效刺激乳头上的感觉神经末梢，促进泌乳反射。世界卫生组织已将帮助母亲在产后1小时内开始哺乳、实施24小时母婴同室、坚持纯母乳喂养6个月、提倡母乳喂养2年以上等纳入促进母乳喂养成功的措施之中。

对于乳母来说，乳汁分泌与生理、心理、膳食营养、睡眠、身体活动等很多因素密切相关。其中，合理营养是乳汁分泌的物质基础，食物多样是充足营养的保障。在日常生活中，我们会听到很多关于哺乳期饮食的推荐及禁忌，其实，乳母除了要合理膳食及食物多样外，对健康食物不用有过多禁忌。

产妇在顺产分娩后的前几天，可以选择清淡易消化的食物，如面条、馄饨、粥、鸡蛋羹、煮烂的肉和菜等，之后就可以过渡到正常膳食；剖宫产的产妇，术后约24小时胃肠功能才会逐渐恢复，不宜过早进补；对于采用全麻的剖宫产手术及情况比较复杂的手术的产妇，术后饮食要遵医嘱。

关于促进乳汁分泌的饮食原则，重中之重就是在整个哺乳期坚持食物多样，这样既能满足产妇自身的营养需求，也能保证乳汁营养和母乳喂养的持续性。产妇要适当增加富含优质蛋白质及维生素A的动物性食物和海产品，选用碘盐，合理补充维生素D等，关于各类营养素的推荐补充量及食谱呈现，本书都有详细的介绍。

除此之外，乳母要多吃流质的食物，如鱼汤、鸡汤、菜汤、豆腐汤等，因为乳母每天分泌乳汁，对水的需要量也是相应增加的。不过汤的营养密度不高，因此喝汤的时候要吃肉，这样会增加营养成分的摄入。需要注意的是，太浓、脂肪太多的汤容易引起婴儿消化不良性腹泻，因此在选择煲汤食材时尽量选择鱼类、瘦肉、豆腐、蔬菜等脂肪含量低的，同时也要注意烹调油的使用量。

乳母膳食宝塔

中国营养学会发布的“中国哺乳期妇女平衡膳食宝塔”，是依据《中国居民膳食指南（2022）》绘制的，内容如下：

- 坚持哺乳
- 适当增加鱼禽肉蛋和海产品
- 愉悦心情，充足睡眠
- 足量饮水，适当多喝粥、汤
- 适度运动
- 每周测量体重，逐步恢复适宜体重
- 不吸烟，远离二手烟
- 不饮酒
- 加碘食盐：5 克
- 油：25 克
- 奶类：300 ～ 500 克
- 大豆 / 坚果：25 克 /10 克
- 鱼禽蛋肉类：175 ～ 225 克（其中瘦畜禽肉：50 ～ 75 克；鱼虾类：75 ～ 100 克；蛋类：50 克；每周吃 1 ～ 2 次动物肝脏，总量达 85 克猪肝或 40 克鸡肝）
- 蔬菜类：400 ～ 500 克，每周至少一次海藻类蔬菜
- 水果类：200 ～ 350 克
- 谷类：225 ～ 275 克，其中全谷物和杂豆 75 ～ 125 克
- 薯类：75 克
- 水：2100 毫升

中国哺乳期妇女平衡膳食宝塔

四格配餐法

“四格配餐法”是把一个餐盘或模拟餐盘划分成4个格子（如下页图），每一个格子装上不同的食物，即主食（S）、蛋白质食物（P）、蔬菜（V）和补充食材（X），从而实现营养搭配。四格配餐法强调“按餐搭配”，在一餐内基本实现营养平衡。最好把每一餐都吃成“四格”，尤其是对于有泌乳需求的产妇来说更为重要。如果做不到，那就吃好当下这一餐，“吃好一餐是一餐”。这大大降低了人们践行健康饮食原则的难度。

四格配餐法

主食（Staple food）指谷类（如米、面、杂粮等）、薯类（如土豆、红薯等）和杂豆类（如红豆、绿豆、扁豆等），要粗细搭配；蛋白质食物（Protein food）指鱼肉蛋奶和大豆制品，每餐必备；蔬菜（Vegetables）指各种叶类、菌藻类、茄果类等，主要推荐深颜色的种类；补充食材（X）是“四格配餐法”的关键，要根据不同人群和不同身体状况来安排食物。本书为读者提供四格月子食谱 84 餐，均依照“四格配餐法”的方式进行搭配。

上篇

产后催乳
四格月子餐
营养食谱示范

本章共提供了42例月子餐食谱，其中包括早餐食谱14例和午/晚餐食谱28例。产妇在月子期间不仅要考虑泌乳的需要，还要逐步补偿在妊娠及分娩时自身的营养素损耗，所以对食物的营养要求更高。产妇的进餐模式可以采用三餐三点的方式进行，即早、中、晚三餐，以及早午餐之间、午晚餐之间和睡前各进行一次加餐，能量分配可以三餐均衡。产后前几天膳食尽量少油腻、易消化，如面片、馄饨、粥、蒸鸡蛋羹、煮烂的肉和菜等，都是不错的选择，之后再过渡到正常饮食。

根据《中国居民膳食营养素参考摄入量（2023）》的推荐，以低强度身体活动水平为例，乳母的每日膳食能量需要量（EER）比同等身体活动水平的普通成年女性高400千卡，即每日总能量应达到2100千卡。本章食谱设计中的早餐为500～600千卡，午/晚餐为600～650千卡，建议产妇在两餐之间及睡前再增加共150～200千卡的食物量作为加餐。

在前文中，我们已经初步了解到产妇四格配餐法的重要性及方便性，接下来会详细介绍42例月子餐食谱的配餐要点，以便产妇更好地执行。

主食（S格）

以谷类为主是平衡膳食模式的重要特征，谷类食物含有丰富的碳水化合物，是人体所需能量最重要的食物来源，餐餐都要有主食。全谷物和杂豆含有丰富的维生素 B_1、维生素 B_2、烟酸、锌、铁、膳食纤维等营养素，而精白米、精白面由于过度加工，谷物籽粒的谷皮、糊粉层、胚芽被分离出去，只留下淀粉含量高的胚乳部分，从而导致营养价值下降，膳食纤维严重损失。从营养学角度出发，建议在选择主食时注意粗细搭配。

“中国哺乳期妇女平衡膳食宝塔”推荐，全谷物和杂豆要占到谷类食物的1/3～1/2。薯类食物也属于主食类，常见的薯类有马铃薯、红薯、芋头和山药等。薯类食物碳水化合物含量为25%左右，维生素C含量比谷类高，马铃薯中钾的含量非常丰富，每天推荐产妇食用薯类75克左右为宜。

推荐主食食材

小米、藜麦、全麦面粉、糙米、燕麦米、红豆、鹰嘴豆、玉米、马铃薯、红薯、芋头、山药等。

蛋白质食物（P格）

鱼禽蛋肉类（含动物内脏）食物可提供丰富的优质蛋白质和一些重要的矿物质及维生素，是产妇平衡膳食重要的组成部分。其中猪、牛、羊等家畜的肌肉和内脏中的铁主要以血红素铁形式存在，消化吸收率较高，非常适合贫血产妇食用。鱼、虾、蟹、贝类等海产品除了富含优质蛋白质之外，还含有一定数量的维生素A、维生素D、维生素E、锌、碘、钙等营养素，其中鲐鱼、三文鱼、带鱼等富脂鱼类富含DHA，足量的DHA可以用于婴儿体内所需的累积，促进其视功能及大脑发育。蛋类维生素含量丰富，种类较为齐全，其蛋白质的营养价值很高，优于其他优质蛋白质，推荐产妇每日食用。

大豆包含黄豆、黑豆和青豆，含有丰富的蛋白质、不饱和脂肪酸、钙、钾和维生素E，大豆中必需氨基酸的组成和比例与动物蛋白质相似，是与谷类蛋白质互补的天然理想食品。

“中国哺乳期妇女平衡膳食宝塔”推荐，产妇每日鱼禽蛋肉类食物的总量是175 ~ 225克，其中瘦畜禽肉每日推荐量是50 ~ 75克；每周吃1 ~ 2次动物肝脏，总量达到85克猪肝或40克鸡肝；鱼虾类75 ~ 100

克；蛋类 50 克；大豆类 25 克。

需要强调的是，食谱中所用食材均为生重，且为可食部的重量，如食谱中猪小排 50 克是指去掉骨头后的重量，相当于带骨时的猪小排 70 ～ 80 克。

推荐优质蛋白质食材

瘦肉（猪、牛、羊）、猪肝、鸡肝、鸡肉、三文鱼、刀鱼、海虾、鸡蛋、鹌鹑蛋、豆腐、豆腐干等。

蔬菜（V 格）

蔬菜是维生素、矿物质、膳食纤维和植物化学物的重要来源，对提高膳食的微量营养素起到关键作用，产妇要做到餐餐有蔬菜。根据颜色深浅，蔬菜可以分为深色蔬菜和浅色蔬菜，深色蔬菜是指深绿色、红色、橘红色和紫红色蔬菜，具有营养优势，尤其富含 β - 胡萝卜素，是膳食维生素 A 的主要来源。

“中国哺乳期妇女平衡膳食宝塔”推荐，产妇每日的蔬菜总量要达到 400 ～ 500 克，其中绿叶蔬菜和红黄色等有色蔬菜占 2/3 以上，每周至少吃一次海带、紫菜、裙带菜等富含碘的海藻类蔬菜。

推荐蔬菜食材

油菜、西蓝花、彩椒、小白菜、胡萝卜、茼蒿、洋葱、芹菜、番茄、紫甘蓝、菠菜、口蘑、香菇、木耳、海带、紫菜等。

补充食材（X格）

补充食材这一格，所代表的是有特殊意义的食物，对于产妇来说有以下几点特别重要。

强化饮奶：奶类是钙和优质蛋白质的良好来源，奶类中所含的乳糖能促进钙、铁、锌等矿物质的吸收。“中国哺乳期妇女平衡膳食宝塔”推荐，产妇每日饮奶量300～500克为宜。

坚果：花生、开心果、核桃、松子、杏仁等富含油脂的种子类坚果是高能量的食物，蛋白质含量多在12%～36%，碳水化合物在15%以下。坚果也是钾、钙、锌等矿物质，以及维生素E和B族维生素的良好膳食来源。“中国哺乳期妇女平衡膳食宝塔”推荐，产妇每日摄入10克坚果为宜。

水果：在四格月子食谱中，水果常在加餐中出现，水果多汁且大多具有以甜味为主的不同风味，深受产妇的喜爱。多数新鲜水果的含水量为85%～90%，是维生素C、钾、镁和膳食纤维的良好来源。“中国哺乳期妇女平衡膳食宝塔”推荐，产妇每日吃水果200～350克为宜。

在前文中所提到的产妇需要特别重视的营养素，比如蛋白质、DHA、钙、铁、碘、锌、叶酸和维生素C等，其相对应的推荐食材、食物营养分析、菜品制作等，在后面的食谱中都会有详细的说明。

产后催乳四格月子早餐食谱

14 例

催乳四格月子早餐食谱 1

番茄肉酱意面 + 西蓝花拌虾仁 + 杧果奶昔 + 核桃仁

主食（S 格）：意面

蛋白质食物（P 格）：猪里脊、虾仁、牛奶

蔬菜（V 格）：番茄、西蓝花

补充食材（X 格）：核桃仁、杧果

587 千卡

一人份食材数量

意面 60 克	核桃仁 10 克
里脊肉馅 20 克	杧果 80 克
虾仁 30 克	核桃油 3 克
牛奶 200 克	花生油 4 克
番茄 50 克	生抽 2 克
西蓝花 60 克	食盐 1 克

食材营养分析

猪里脊含有优质蛋白质，以及各种维生素、微量元素等，其脂肪含量并不高，具有较高的营养价值。另外，猪里脊含铁丰富，吸收率高，是产后补铁的好食材。

制作方法

番茄肉酱意面：锅中放水烧开，加入意面，适当搅拌，煮熟捞出备用；番茄表面切十字花刀，用开水烫一下去皮，切成小丁；锅内加油，放入蒜末爆香，加入猪里脊肉馅，翻炒至变色后加入适量生抽，再加入番茄丁炒制软烂，加食盐调味后盛出；将炒好的肉酱放在煮熟的意面上即可食用。

温馨提示

❶ 意面的软硬程度可根据自己的喜好来选择，喜欢吃软烂口感的至少要煮 10 分钟以上，喜欢吃爽滑口感的就少煮一会儿，可先品尝后再盛出来。

❷ 有些产妇喝牛奶后会出现腹胀、腹泻等症状，可能是乳糖不耐受的表现，可以尝试以下办法：喝酸奶或者吃奶酪；少量多次喝牛奶；喝低乳糖或者无乳糖牛奶；在专科医生的指导下吃益生菌。

催乳四格月子早餐食谱 2

笋尖蛋炒饭 + 小白菜豆腐汤 + 开心果 + 小番茄

主食（S 格）：大米、小米

蛋白质食物（P 格）：鸡蛋、豆腐

蔬菜（V 格）：竹笋、胡萝卜、小白菜、小番茄

补充食材（X 格）：开心果

549 千卡

一人份食材数量

大米 40 克	小番茄 60 克
小米 30 克	开心果 10 克
鸡蛋 50 克	豆油 6 克
豆腐 50 克	芝麻油 1 克
竹笋 50 克	生抽 2 克
胡萝卜 40 克	食盐 1.5 克
小白菜 60 克	

食材营养分析

鸡蛋富含优质蛋白质，每 100 克含蛋白质约 12 克，营养价值较高。卵磷脂、维生素和微量元素等营养物质大多集中于蛋黄，蛋清的营养主要以蛋白质为主。竹笋味道鲜美，营养丰富，每 100 克竹笋含 2.8 克膳食纤维，比较适合便秘的产妇食用。

制作方法

笋尖蛋炒饭：二米饭前一天晚上做好，放冰箱冷藏保存；竹笋焯水切丁，胡萝卜去皮切丁，备用；将鸡蛋打成蛋液，倒入锅中炒成鸡蛋碎，加入竹笋和胡萝卜炒至变软，加入二米饭继续翻炒；最后加入食盐和生抽调味，撒点葱花盛出即可。

温馨提示

❶ 鸡蛋黄中含有大量胆固醇（1510 毫克 /100 克），一个鸡蛋（蛋黄）大约含 280 毫克胆固醇，对于大部分健康产妇来说，每天吃一个鸡蛋是合理的。

❷ 前一天晚上放冰箱保存的剩饭比较适合做炒饭，隔夜米饭含水量少，容易炒散，视觉上呈现粒粒分明的状态，口感也更好一些。

催乳四格月子早餐食谱 3

小米南瓜枸杞粥 + 蔬菜鸡蛋饼 + 芹菜拌豆干 + 巴旦木

主食（S 格）：小米、小麦粉、土豆

蛋白质食物（P 格）：鸡蛋、豆腐干

蔬菜（V 格）：胡萝卜、西葫芦、芹菜、彩椒

补充食材（X 格）：南瓜、枸杞、巴旦木

588 千卡

一人份食材数量

小米 30 克
小麦粉 30 克
鸡蛋 50 克
豆腐干 30 克
胡萝卜 30 克
西葫芦 50 克
芹菜 50 克
彩椒 20 克
土豆 50 克
南瓜 50 克
枸杞 10 克
巴旦木 10 克
芥花油 6 克
亚麻籽油 1 克
食盐 1.5 克

食材营养分析

整体来说，小米的营养价值要比大米高，其膳食纤维、维生素 E、胡萝卜素、脂肪、维生素 B_2 和钾的含量都超过大米。而且，用小米烹制米饭也特别方便，不需要提前浸泡。豆腐干是豆腐的半干制品，富含蛋白质和钙，每 100 克豆腐干含钙 308 毫克，超过了其他大豆制品。

制作方法

蔬菜鸡蛋饼：土豆、胡萝卜和西葫芦切丝后加盐，搅拌均匀备用；将一个鸡蛋打入小麦粉里，加少量水搅拌均匀后加入准备好的土豆丝、胡萝卜丝和西葫芦丝，继续搅拌成糊；平底锅内刷油，将调好的蔬菜面糊倒入锅中，待面饼定型后翻面，再烙 3 分钟左右，至两面均熟即可。

温馨提示

1. 市面上的豆腐干五花八门，购买的时候要看一下配料表，注意豆腐干的含油量和含盐量等，尽量选择原味豆腐干。
2. 小米不用淘洗多遍，以防止 B 族维生素损失过多。

催乳四格月子早餐食谱 4

山药鸡蛋饼 + 燕麦豆浆 + 小白菜拌花生 + 小番茄

主食（S 格）：小麦粉、山药粉、燕麦片

蛋白质食物（P 格）：鸡蛋、黄豆粉

蔬菜（V 格）：小白菜、小番茄

补充食材（X 格）：花生

568 千卡

一人份食材数量

山药粉 25 克	小番茄 60 克
小麦粉 35 克	花生 10 克
燕麦片 15 克	牛油果油 3 克
鸡蛋 50 克	亚麻籽油 2 克
黄豆粉 25 克	生抽 1 克
小白菜 50 克	食盐 0.5 克

食材营养分析

燕麦片的蛋白质含量是谷类之最，脂肪含量领先于其他谷物，膳食纤维也远超过其他粗杂粮。燕麦饱腹感强，升糖指数低，具有控制血糖、调节肠道菌群、调节血脂及提高免疫力的作用，产妇要常吃。

制作方法

❶ 燕麦豆浆：纯黄豆豆浆粉加入开水，搅拌均匀后放入燕麦片继续搅拌至均匀，盖上杯盖焖泡 5 分钟即可食用。

❷ 山药鸡蛋饼：把鸡蛋打入山药粉和小麦粉中，加盐和适量水搅拌成糊状；平底锅内刷油，将面糊倒入锅中，待面饼定型后翻面，再烙 3 分钟左右，至两面均熟即可。

温馨提示

❶ 购买燕麦片时要注意，市售的燕麦片、燕麦粒、燕麦米、燕麦碎等基本保留了燕麦的营养成分，但是一些风味麦片大多不是纯燕麦，购买时一定要认真看包装上的配料表，避免买错。

❷ 购买豆浆粉时要注意，一定要看包装上的配料表，要选择纯豆浆粉，配料为黄豆、黑豆及青豆均可。

催乳四格月子早餐食谱 5

玉米发糕 + 紫菜虾皮豆腐汤 + 蒜蓉西蓝花 + 核桃仁

主食（S 格）：小麦面粉、玉米面粉

蛋白质食物（P 格）：鸡蛋、虾皮、豆腐

蔬菜（V 格）：西蓝花、胡萝卜

补充食材（X 格）：核桃仁、紫菜

576 千卡

一人份食材数量

小麦面粉 50 克
玉米面粉 30 克
鸡蛋 50 克
虾皮 10 克
豆腐 50 克
西蓝花 100 克
胡萝卜 30 克
核桃仁 10 克
紫菜 1 克
核桃油 2 克
亚麻籽油 2 克
食盐 1 克
酵母 1 克

食材营养分析

大豆包括黄豆、黑豆和青豆。大豆含有丰富的蛋白质、钙、钾、不饱和脂肪酸和维生素 E，是非常适合产妇食用的优质食材。因为黄豆中含有植酸和草酸等抑制钙吸收的物质，因此黄豆中的钙很难吸收，将其做成豆腐后，这些物质被去除，钙的吸收率明显提高。

制作方法

玉米发糕：用 30℃的温水将酵母溶解，加入小麦面粉、玉米面粉和鸡蛋，搅拌成略稀一点的糊状，稍具流动性为宜；在模具内刷一层油，将调好的面糊倒入其中，覆上保鲜膜放置温暖处，醒发至两倍大；放入蒸锅蒸 20 分钟，稍凉后即可脱模食用。

温馨提示

❶ 玉米发糕可以多做一点，冷却后放入冰箱冷冻起来，吃之前提前解冻加热即可。

❷ 虾皮尽量选择低盐（淡干）和生晒（白色）的。淡干的虾皮盐分少，可避免产妇盐的摄入超标；生晒的虾皮口感更好，鲜味浓，而且不易发潮霉变，存放时间长。

催乳四格月子早餐食谱 6

红薯藜麦粥 + 煮鸡蛋 + 虾仁炒秋葵 + 玉米双拼

主食（S 格）：大米、三色藜麦、红薯

蛋白质食物（P 格）：鸡蛋、虾仁

蔬菜（V 格）：秋葵、彩椒

补充食材（X 格）：黄玉米、黑玉米

568 千卡

一人份食材数量

大米 30 克
三色藜麦 15 克
红薯 30 克
鸡蛋 50 克
虾仁 50 克
秋葵 80 克
彩椒 40 克
黄玉米（带棒）90 克
黑玉米（带棒）90 克
花生油 5 克
生抽 2 克
食盐 1 克

食材营养分析

藜麦富含蛋白质、淀粉、膳食纤维，尤其赖氨酸含量较多，蛋白质质量优秀，膳食纤维高于一般谷物，是特别推荐的哺乳期营养食材。虾仁高蛋白、低脂肪、低热量，每 100 克虾肉含有 16.8 克蛋白质，必需氨基酸齐全，是非常好的优质蛋白质来源。

制作方法

❶ 红薯藜麦粥：红薯去皮，切成小块，大米和三色藜麦淘洗干净后与红薯块一起放入电饭煲中，按杂粮粥键操作即可。

❷ 虾仁炒秋葵：虾洗净，去壳去虾线后备用；秋葵洗净去蒂，焯水后切段备用；彩椒改刀备用；锅内放入花生油，下入葱末、姜末、蒜末爆香，加入虾仁翻炒，炒至虾仁变色后加入少量生抽，下入秋葵、彩椒快速翻炒，加盐调味即可。

温馨提示

秋葵含有草酸，无论是凉拌还是素炒都要用沸水汆烫一下；秋葵膳食纤维含量高，要趁小而嫩的时候吃，长大后就会变硬，影响口感。

催乳四格月子早餐食谱 7

燕麦紫米粥 + 煮鸡蛋 + 彩椒炒豆腐干 + 蒸红薯

主食（S 格）：大米、紫米、燕麦片

蛋白质食物（P 格）：鸡蛋、豆腐干

蔬菜（V 格）：彩椒、青椒、胡萝卜

补充食材（X 格）：红薯

566 千卡

一人份食材数量

大米 40 克	青椒 20 克
紫米 10 克	胡萝卜 30 克
燕麦片 10 克	红薯 80 克
鸡蛋 50 克	葵花籽油 5 克
豆腐干 60 克	生抽 2 克
彩椒 60 克	食盐 1 克

食材营养分析

红薯含较多淀粉和较少的蛋白质，富含维生素 C、膳食纤维和 β-胡萝卜素等。红薯口感甜糯，储存方便，还有润肠通便的效果，推荐产妇食用。红薯既可以当主食，又超越了普通主食的营养价值。

制作方法

彩椒炒豆腐干：彩椒、青椒、胡萝卜、豆腐干改刀备用；锅内放入葵花籽油，下入葱末、姜末、蒜末爆香，加入彩椒、青椒和胡萝卜翻炒，炒至断生后加入少量生抽翻炒均匀，下入豆腐干继续翻炒片刻，加盐调味即可。

“无抗鸡蛋”真的没有使用抗生素吗

购买鸡蛋时，经常能看到“无抗鸡蛋”，商家常常以此提高售价。“无抗鸡蛋”深受孕产妇、老年人、儿童等特殊人群的喜爱。其实，所谓的“无抗”只是一种噱头，因为所有的鸡蛋都要符合无抗生素残留的标准才能上市。需要注意的是，无抗生素残留的意思是机器检测不出鸡蛋中是否含有抗生素，但这并不代表没用过抗生素。对于抗生素的使用，国家相关部门有明确的标准要求，大家只要通过正规途径购买鸡蛋，就无须过多担心。

催乳四格月子早餐食谱 8

红米饭 + 海带丝拌豆腐皮 + 牛奶 + 小番茄

主食（S 格）：大米、红米

蛋白质食物（P 格）：豆腐皮

蔬菜（V 格）：海带、黄瓜、胡萝卜、小番茄

补充食材（X 格）：牛奶

582 千卡

一人份食材数量

大米 50 克	小番茄 50 克
红米 30 克	牛奶 200 克
豆腐皮 25 克	橄榄油 2 克
海带 50 克	芝麻香油 1 克
黄瓜 50 克	生抽 1 克
胡萝卜 50 克	食盐 0.5 克

食材营养分析

海带是富含碘的食物。产妇对碘的需求高，是普通人的 2 倍。《中国哺乳期妇女膳食指南》建议，产妇在每天摄入 5 克加碘盐的基础上，每周吃 1 ~ 2 次高碘海产品，比如海带、紫菜、海鱼等。海带除了碘的含量高之外，还富含类胡萝卜素、膳食纤维、钙、褐藻多糖、钾及其他营养素，是非常推荐的哺乳期食材。

制作方法

❶ 红米饭：将大米和红米淘洗干净，加入适量的水，放入电饭煲中按煮饭键操作即可。红米可与大米同熟，不需要提前浸泡。

❷ 海带丝拌豆腐皮：鲜海带丝清洗干净后焯水，胡萝卜切丝后焯水，过凉水备用；豆腐皮、黄瓜切丝，与海带丝、胡萝卜丝一起装盘，加入橄榄油、生抽、盐、芝麻香油和蒜末，拌匀即可。

温馨提示

对于患有甲状腺相关疾病的产妇，要在专科医生的指导下食用碘盐及高碘食物。不同疾病对于碘的摄入建议是不同的，以避免因大量摄入碘而刺激甲状腺组织，影响病情。

催乳四格月子早餐食谱 9

南瓜小米粥 + 蒸玉米 + 木须肉 + 松子

主食（S 格）：南瓜、小米、玉米

蛋白质食物（P 格）：鸡蛋、猪里脊肉

蔬菜（V 格）：黑木耳、黄瓜、胡萝卜

补充食材（X 格）：松子

587 千卡

一人份食材数量

南瓜 60 克	黄瓜 50 克
小米 35 克	胡萝卜 30 克
玉米（带棒）180 克	松子 10 克
鸡蛋 50 克	玉米油 5 克
猪里脊肉 50 克	生抽 2 克
黑木耳（干）3 克	食盐 1 克

食材营养分析

黑木耳含有丰富的 B 族维生素、铁、矿物质和膳食纤维，是一种营养价值很高的菌类食物。3 克优质的干木耳用水泡发后重 50 ～ 60 克，其中有 1 克左右的膳食纤维。木耳有防止便秘和降低血脂的作用。另外，木耳所含的木耳多糖能提高机体免疫力。

制作方法

❶ 南瓜小米粥：南瓜切块，与淘洗干净的小米一起放入电饭煲中，按杂粮粥键操作即可。

❷ 木须肉：黑木耳泡发备用；猪里脊肉切片，加蛋清和生抽抓匀腌制 10 分钟；鸡蛋打散，黄瓜和胡萝卜切片，备用；锅中倒入玉米油，将鸡蛋炒熟后盛出；锅中再加入少量油，放入里脊肉片快速滑开，待里脊肉片变白后，加入葱末、姜末、蒜末煸炒出香味，将木耳、胡萝卜片、黄瓜片放入锅中翻炒均匀，再放入生抽和盐，出锅前加入鸡蛋翻炒均匀即可。

温馨提示

玉米的胚芽部分营养价值很高，建议产妇在吃玉米的时候全部吃掉。胚芽俗称胚尖，是玉米粒最下方的白色部分。

催乳四格月子早餐食谱 10

红豆粥 + 煮鸡蛋 + 秋葵核桃仁拌豆腐 + 蒸山药

主食（S 格）：红豆、大米、山药

蛋白质食物（P 格）：豆腐、鸡蛋

蔬菜（V 格）：秋葵、彩椒

补充食材（X 格）：核桃仁

565 千卡

一人份食材数量

红豆 20 克	彩椒 30 克
大米 40 克	核桃仁 10 克
山药 100 克	亚麻籽油 4 克
豆腐 70 克	芝麻香油 1 克
鸡蛋 50 克	生抽 1 克
秋葵 100 克	食盐 1 克

食材营养分析

秋葵的营养价值很高，它切开后那种黏黏的液体成分是可溶性膳食纤维，可以帮助消化，促进胃肠蠕动，特别适合有便秘困扰的产妇食用。彩椒是一款百搭食材，不仅颜色艳丽，营养价值也不错，除了众所周知的维生素 C 的含量高之外，它还含有胡萝卜素、膳食纤维等。

制作方法

秋葵核桃仁拌豆腐：秋葵清洗干净，去掉蒂部，焯水过凉后切段备用；豆腐切丁焯水后放凉备用；彩椒掰小块备用；将秋葵、彩椒、豆腐、核桃仁放入大碗中，加入蒜末、生抽、芝麻香油及食盐拌匀即可食用。

温馨提示

食用油品种的多样化，能给我们提供脂肪酸和营养平衡的保证。产妇每天推荐的烹调油摄入总量为 25 克，要少吃油、吃好油。家里采购食用油时要注意常换品种，尽量选择小包装的食用油，以保证食用油的新鲜品质。

亚麻籽油怕高温，推荐凉拌菜、做粥、做汤、蒸食等低温烹调时使用，避免煎、炒、炸、烤等高温烹调方式对营养物质产生破坏。

催乳四格月子早餐食谱 11

三色糙米饭 + 菜花拌虾仁 + 番茄蛋花汤 + 开心果

主食（S 格）：三色糙米、大米

蛋白质食物（P 格）：虾仁、鸡蛋

蔬菜（V 格）：菜花、番茄

补充食材（X 格）：开心果

564 千卡

一人份食材数量

三色糙米 25 克
大米 50 克
虾仁 50 克
鸡蛋 50 克
菜花 100 克
番茄 100 克
开心果 10 克
芝麻香油 1 克
紫苏油 2 克
生抽 1 克
食盐 1 克

食材营养分析

糙米是比较常见的粗粮之一，与大米相比，糙米含有更多的维生素、膳食纤维、矿物质和植物化学成分，营养价值更高。开心果是高蛋白、高脂肪、少糖类的食物，含有膳食纤维、维生素 E、油酸、叶黄素和植物甾醇等有益物质，推荐产妇食用。

制作方法

❶ 三色糙米饭：三色糙米前一晚睡前浸泡，晨起将大米淘洗干净后与浸泡过的三色糙米一起放入电饭煲中，按杂粮饭键操作即可。

❷ 菜花拌虾仁：虾仁煮熟备用；菜花择成小朵洗净，锅中加水烧开后放入菜花，焯水 2 ~ 3 分钟，捞出过凉水；虾仁和菜花装盘，加入生抽、蒜末和紫苏油，拌匀即可。

温馨提示

糙米的质地比较硬，口感粗糙，煮起来不容易熟，需要提前浸泡。对于做早餐而言，提前一晚浸泡，第二天早上做米饭或者煮粥，时间刚刚好。另外，杂粮饭也可以一次多做一点，分装冷冻保存，着急的时候拿出来蒸煮加热均可，省时省力。

催乳四格月子早餐食谱 12

南瓜小米粥 + 豆沙包 + 佛手瓜木耳炒鸡蛋 + 鸡心果

主食（S 格）：小米、面粉、红豆

蛋白质食物（P 格）：鸡蛋

蔬菜（V 格）：佛手瓜、胡萝卜、黑木耳、南瓜

补充食材（X 格）：鸡心果

570 千卡

一人份食材数量

小米 35 克
面粉 40 克
红豆 30 克
鸡蛋 50 克
佛手瓜 100 克
胡萝卜 20 克
黑木耳（干）3 克
南瓜 60 克
鸡心果 40 克
食盐 1 克
芥花油 5 克
生抽 1 克
白糖 2 克
酵母 0.5 克

食材营养分析

南瓜富含胡萝卜素，还含有保护视网膜和视力的叶黄素，南瓜的钾含量在蔬菜里也是名列前茅。另外，南瓜的果肉富含可溶性膳食纤维，果皮里含有不溶性膳食纤维，对便秘的产妇特别友好。南瓜吃法多样，蒸、煮、烤、炖等均可，烹调简便易熟，口感甜糯，深受产妇们的喜爱。

制作方法

豆沙包：红豆煮熟后加少许白糖，用勺子压碎，团成球状备用；酵母用温水融化，将酵母水倒入面粉中，用筷子把面粉搅拌成絮状并揉成光滑的面团，发酵至两倍大后揉面排气；将面团揉成长条状，切成小块擀成面皮，包上豆沙馅放入蒸锅，上汽后蒸 20 分钟，关火 5 分钟后开盖，美味的豆沙包就出锅了。

选南瓜有讲究

南瓜有很多品种，如果有高血糖风险的产妇，尽量选比较大的普通南瓜或者水果南瓜，谨慎选择淀粉含量高的南瓜，如贝贝南瓜。

催乳四格月子早餐食谱 13

燕麦南瓜大米粥 + 煮鸡蛋 + 佛手瓜菜花拌豆腐干 + 蒸玉米

主食（S 格）：燕麦片、大米、玉米

蛋白质食物（P 格）：豆腐干、鸡蛋

蔬菜（V 格）：佛手瓜、菜花、胡萝卜

补充食材（X 格）：南瓜

573 千卡

一人份食材数量

燕麦片 10 克
大米 20 克
玉米（带棒）240 克
豆腐干 55 克
鸡蛋 50 克
佛手瓜 60 克
菜花 60 克
胡萝卜 20 克
南瓜 60 克
食盐 1 克
橄榄油 3 克
芝麻香油 1 克
生抽 1 克

食材营养分析

佛手瓜生吃清脆多汁，熟吃口感清新，其富含维生素 C、胡萝卜素和钾，是比较百搭的食材。佛手瓜比较耐储存，平时可以在冰箱里储存一两个，想吃的时候比较方便。菜花是维生素 C、维生素 K、胆碱、叶酸、膳食纤维和钾的良好来源，菜花含有的芥子油苷有抗癌、预防心脑血管疾病及提高免疫力等功效，是营养价值很高的食材。

制作方法

佛手瓜菜花拌豆腐干：豆腐干、佛手瓜和胡萝卜切片备用；菜花择成小朵洗净，锅中加水烧开后放入菜花、胡萝卜，焯水 2 ～ 3 分钟，捞出过凉水备用；所有食材装盘，加入生抽、蒜末、芝麻香油和橄榄油，搅拌均匀即可食用。

温馨提示

煮燕麦南瓜大米粥时，先加入南瓜和大米熬煮，要稍微多放一点水，关火后加入燕麦片，与煮好的粥拌匀，盖上锅盖焖 5 分钟即可食用。

催乳四格月子早餐食谱 14

蒸红薯 + 鸡蛋葱花饼 + 虾仁拌西蓝花 + 火龙果奶昔

主食（S 格）：小麦粉、红薯

蛋白质食物（P 格）：鸡蛋、虾仁、牛奶

蔬菜（V 格）：西蓝花、胡萝卜

补充食材（X 格）：火龙果

590 千卡

一人份食材数量

小麦粉 50 克
红薯 80 克
鸡蛋 50 克
虾仁 30 克
牛奶 200 克
西蓝花 80 克
胡萝卜 30 克
火龙果 80 克
食盐 1 克
大豆油 3 克
亚麻籽油 3 克

食材营养分析

每 100 克牛奶含蛋白质 3 克左右，其必需氨基酸比例符合人体要求，属于优质蛋白质，也是钙的良好来源。牛奶营养丰富，容易消化吸收，奶类中的脂肪能促进钙、铁、锌等矿物质的吸收。火龙果是可以润肠通便的食物，其所含的膳食纤维和低聚糖对调节便秘有效，特别适合产妇。红心火龙果中的甜菜红素、花青素、维生素 E、黄酮类化合物等成分具有抗氧化的作用，可以抗炎、清除自由基，提高免疫力。

制作方法

火龙果奶昔：火龙果从中间切开，称重 80 克果肉，与 200 克牛奶一起放入料理机后选择奶昔功能。根据机器不同，奶昔制作时间稍有差异，大约 2 分钟即可完成。

温馨提示

❶ 产妇要吃各种各样的奶制品，摄入量相当于每天 300 ～ 500 毫升液态奶。超重或者肥胖的产妇，建议选择低脂牛奶或者脱脂牛奶。

❷ 红心火龙果中含有甜菜红素，不容易被消化吸收，如发现吃红心火龙果后排尿、排便颜色发红，不用担心，停止食用后会逐渐恢复正常。

产后催乳四格月子午/晚餐食谱

28

例

催乳四格月子午 / 晚餐食谱 1

红枣玉米饼 + 青椒炒鸡蛋 + 裙带菜虾仁汤 + 小番茄

主食（S 格）：小麦粉、玉米粉

蛋白质食物（P 格）：虾仁、鸡蛋

蔬菜（V 格）：青椒、胡萝卜、彩椒、裙带菜、小番茄

补充食材（X 格）：红枣

604 千卡

一人份食材数量

小麦粉 50 克
玉米粉 30 克
虾仁 30 克
鸡蛋 50 克
青椒 80 克
胡萝卜 20 克
彩椒 40 克
裙带菜（干）2 克
小番茄 50 克
红枣（干）20 克
食盐 1.5 克
橄榄油 3 克
亚麻籽油 2 克
花生油 4 克
生抽 2 克

食材营养分析

这里用到的红枣是用成熟的鲜枣制成的，营养丰富。做成红枣玉米饼后，红枣的甜度会跟饼融合在一起，口感非常好。需要注意的是，人们常说的“吃枣可以治贫血”是不准确的，虽然枣的铁含量还可以，但是吸收率低。小番茄就是平时吃的小柿子，大名叫樱桃番茄。在口感上，小番茄要比大番茄偏甜一些，因为小番茄的糖分比大番茄多，所以热量也会高一点。小番茄较突出的营养素是番茄红素，有很强的抗氧化效果，推荐产妇食用。

制作方法

红枣玉米饼：将已经去核的红枣放入小麦粉和玉米粉里，加少量食盐和水搅拌均匀成糊状。平底锅内刷油，将面糊倒入锅中，待面饼定型后翻面再烙 3 分钟左右，至两面均熟即可。

温馨提示

红枣的能量和含糖量都很高，每 100 克红枣（干）的能量是 276 千卡。另外，红枣吃多了容易产生肠胀气，产妇要注意红枣的摄入量，不要贪多。

催乳四格月子午 / 晚餐食谱 2

豆沙包 + 青椒炒肉丝 + 笋尖鲜虾汤 + 黄瓜拌花生米

主食（S 格）：小麦粉、红豆

蛋白质食物（P 格）：猪里脊肉、虾仁

蔬菜（V 格）：青椒、笋尖、黄瓜、胡萝卜、彩椒

补充食材（X 格）：花生

630 千卡

一人份食材数量

小麦粉 60 克
红豆 30 克
猪里脊肉 60 克
虾仁 30 克
青椒 80 克
笋尖 80 克
黄瓜 60 克
胡萝卜 20 克
彩椒 30 克
花生 10 克
食盐 1.5 克
酵母 0.5 克
绵白糖 2 克
核桃油 2 克
亚麻籽油 2 克
花生油 3 克
生抽 1 克

食材营养分析

小麦粉是餐桌上常见的主食之一，含有蛋白质、淀粉、脂肪、维生素和无机盐等。过度加工后的小麦粉损失了大量的 B 族维生素、矿物质、膳食纤维和植物化学物，建议产妇在吃精白面时搭配全麦粉或荞麦面粉等。成熟的花生仁中含有 40% ~ 50% 的油脂，还含有 30% 左右的蛋白质。另外，花生还含有 B 族维生素、维生素 E、维生素 C 及胡萝卜素等多种维生素，以及钙、磷、锌等矿物质。

制作方法

青椒炒肉丝：青椒和彩椒清洗后切丝备用；猪里脊肉切丝，加少量水淀粉抓拌均匀备用；锅内放入花生油，下入葱末、姜末、蒜末爆香，下入猪肉丝炒至变色后加入生抽、青椒丝和彩椒丝继续翻炒；最后加盐翻炒均匀即可出锅。

温馨提示

酵母菌让食物更容易被消化吸收，还能合成少量 B 族维生素，所以馒头、花卷等发酵面食的营养价值比未发酵面食会高一些。

催乳四格月子午 / 晚餐食谱 3

三色糙米饭 + 家常带鱼 + 蘑菇炒油菜 + 鸡蛋羹

主食（S 格）：大米、三色糙米

蛋白质食物（P 格）：带鱼、鸡蛋、虾皮

蔬菜（V 格）：油菜、胡萝卜、西蓝花

补充食材（X 格）：蘑菇

614 千卡

一人份食材数量

大米 70 克
三色糙米 20 克
带鱼 80 克
鸡蛋 50 克
虾皮 5 克
油菜 150 克
胡萝卜 20 克
西蓝花 20 克

蘑菇（干）8 克
食盐 1.5 克
芝麻香油 1 克
橄榄油 3 克
花生油 3 克
生抽 1 克
酱油 2 克

食材营养分析

带鱼又叫刀鱼，颜色银灰，肉质细嫩，味道鲜香，营养价值高，每 100 克带鱼含 17.7 克蛋白质和 4.9 克脂肪，带鱼中的脂肪多为不饱和脂肪酸，富含 DHA 和 EPA，非常适合产妇食用。而且，带鱼的鱼刺非常好挑，制作起来也很简单，清蒸、家常、红烧、煎炸及烤制均可，比较推荐产妇的食用方法是清蒸或者不需要油炸操作的家常带鱼。

制作方法

家常带鱼：带鱼切成段，去掉内脏，清洗干净后加适量酱油和盐腌制 10 分钟左右；锅内倒入花生油，轻煎后翻面，加入葱末、姜末、蒜末炒香后加入开水，中小火焖炖 5 分钟左右，汤汁收干即可装盘。

温馨提示

购买鸡蛋时要看标签上的生产日期，一周内的鸡蛋较新鲜；鸡蛋存放的适宜温度是 2℃ ~ 5℃冷藏，在室温下一天，相当于在冰箱冷藏存放一周，鸡蛋在冷藏状态下最好在 20 天内吃完。

催乳四格月子午 / 晚餐食谱 4

燕麦红豆粥 + 鸡肉炖土豆 + 西蓝花拌核桃仁 + 小番茄

主食（S 格）：大米、红豆、燕麦片、土豆

蛋白质食物（P 格）：鸡肉

蔬菜（V 格）：西蓝花、胡萝卜、彩椒、小番茄

补充食材（X 格）：核桃仁

617 千卡

一人份食材数量

大米 40 克
红豆 20 克
燕麦片 10 克
土豆 75 克
鸡肉 75 克
西蓝花 60 克
胡萝卜 40 克
彩椒 40 克
小番茄 50 克
核桃仁 10 克
食盐 2 克
花生油 5 克
亚麻籽油 3 克
酱油 2 克

食材营养分析

鸡肉是高蛋白的食材，去皮的鸡胸肉蛋白质含量更高，脂肪和胆固醇的含量低，对于超重或者肥胖的产妇，应尽量避免吃鸡皮。除了高蛋白之外，鸡肉还含有 B 族维生素、钾、磷、硒等营养成分，鸡肉肉质细嫩，容易消化吸收，做法也很多，蒸、煮、炖、拌、炒及煲汤等都很美味。

制作方法

鸡肉炖土豆：胡萝卜改刀切块备用；土豆去皮切块备用；鸡肉清洗干净，凉水入锅，水开后用勺子撇去浮沫，鸡肉变色后捞出，控干水分。锅中倒入花生油，加入葱末、姜末、蒜末爆香，下入鸡块，淋入酱油翻炒均匀，加入足量的水，小火慢炖 30 分钟，然后将土豆和胡萝卜入锅继续炖 20 分钟左右，出锅前加入食盐即可。

温馨提示

《中国居民膳食指南（2022）》提出，土豆主食化是低碳和可持续发展的重要举措。需要注意的是，土豆、山药和芋头等薯类归类在主食里，如果本餐吃了薯类，那其他主食的量就要相应减少。

催乳四格月子午 / 晚餐食谱 5

玉米发糕 + 佛手瓜炒虾仁 + 鸡肉蘑菇汤 + 蒸南瓜

主食（S 格）：小麦粉、玉米面粉

蛋白质食物（P 格）：鸡肉、虾仁、鸡蛋

蔬菜（V 格）：佛手瓜、彩椒、蘑菇、胡萝卜

补充食材（X 格）：南瓜

一人份食材数量

小麦粉 50 克
玉米面粉 30 克
鸡肉 50 克
虾仁 30 克
鸡蛋 50 克
佛手瓜 100 克
彩椒 20 克
蘑菇（干）6 克
胡萝卜 20 克
南瓜 80 克
食盐 1.5 克
核桃油 2 克
花生油 4 克
酵母（干）1 克
酱油 1 克

食材营养分析

蘑菇中的 B 族维生素和钾的含量丰富，还含有独特的多糖成分，硒含量也不错，具有抗氧化、提高机体免疫力的作用。蘑菇膳食纤维含量高，可以延长胃排空的时间，增加饱腹感，有利于产妇的体重管理。玉米面粉就是把玉米磨成粉，其富含钾、镁和 B 族维生素等营养成分，常与小麦粉一起搭配制作馒头、花卷、包子、饼和面包等面食，在提高主食多样性的同时也增加了营养成分的摄入。

制作方法

佛手瓜炒虾仁：佛手瓜和彩椒改刀备用；锅内倒入花生油，下入葱末、姜末、蒜末爆香，加入虾仁翻炒，炒至虾仁变色后加入少量酱油，下入佛手瓜、彩椒快速翻炒，出锅前加盐调味即可。

温馨提示

蘑菇品种很多，如金针菇、鲜蘑、口蘑等。需要注意的是，一定不要吃野生蘑菇，如果不小心吃到了毒蘑菇，可以造成致命的食物中毒。

催乳四格月子午 / 晚餐食谱 6

红豆饭 + 羊排炖土豆 + 黄瓜拌豆腐丝 + 榛子

主食（S 格）：大米、红豆、土豆

蛋白质食物（P 格）：羊排肉、豆腐丝

蔬菜（V 格）：黄瓜、彩椒、胡萝卜

补充食材（X 格）：榛子

618 千卡

一人份食材数量

大米 50 克
红豆 20 克
土豆 75 克
羊排肉 75 克
豆腐丝 40 克
黄瓜 160 克
彩椒 10 克
胡萝卜 40 克
榛子 10 克
食盐 1.5 克
紫苏油 2 克
橄榄油 3 克
酱油 2 克
生抽 1 克

食材营养分析

羊排是指连着肋骨的肉的部分，肥瘦结合，肉质鲜嫩。羊排富含优质蛋白质、维生素和微量元素。羊肉的铁含量高而且吸收率好，患有缺铁性贫血的产妇可以常吃。榛子富含蛋白质、维生素和矿物质，每 100 克榛子的蛋白质含量是 30.5 毫克，钙含量是 815 毫克，营养价值很高。不过，炒熟后的榛子脂肪含量约为 50%，因此要适量地吃。

制作方法

羊排炖土豆：胡萝卜、土豆去皮切块备用；羊排肉清洗干净，凉水入锅，水开后用勺子撇去浮沫，待羊排肉变色后，捞出控干水分。另起锅，倒入橄榄油，加入葱末、姜末、蒜末爆香，下入羊排肉，淋入酱油翻炒均匀，加足量水小火慢炖 40 分钟后下入土豆和胡萝卜，继续小火炖 20 分钟，出锅前加入食盐即可。

温馨提示

鲜羊排肉的肉质有光泽，脂肪为淡黄色，外表微干或者微微湿润，不黏手，指压肌肉后的凹陷立即就可以恢复，购买其他畜肉也可以这样辨别新鲜度。

催乳四格月子午 / 晚餐食谱 7

豆沙包 + 羊肉萝卜汤 + 白玉菇炒鸟贝 + 海带丝拌黄瓜

主食（S 格）：小麦粉、红豆

蛋白质食物（P 格）：羊肉、鸟贝

蔬菜（V 格）：青萝卜、胡萝卜、彩椒、
海带丝、黄瓜

补充食材（X 格）：白玉菇

603 千卡

一人份食材数量

小麦粉 70 克	食盐 2 克
红豆 30 克	橄榄油 3 克
羊肉 50 克	花生油 3 克
鸟贝 75 克	芝麻香油 2 克
青萝卜 100 克	生抽 2 克
胡萝卜 40 克	醋 1 克
彩椒 20 克	胡椒粉 0.5 克
海带丝 60 克	酵母（干）0.5 克
黄瓜 80 克	绵白糖 2 克
白玉菇 50 克	

食材营养分析

鸟贝肉质脆嫩、鲜美可口，富含优质蛋白质、钙和多种氨基酸。鸟贝如果凉拌食用，要快速焯水才能保证口感，焯水时间过长，肉质将会变硬。白玉菇也叫白雪菇，菇体洁白如玉，质地细腻，被称为食用菌中的“金枝玉叶”。白玉菇能量低，而且含有人体不容易消化的粗纤维，便秘及超重肥胖的产妇更要经常食用。

制作方法

白玉菇炒鸟贝：彩椒洗净切块备用；白玉菇洗净后焯水备用；鸟贝去内脏后洗净，快速焯水，捞出备用；锅内放入花生油，下入葱末、姜末、蒜末爆香后加入白玉菇和彩椒翻炒，待彩椒变软时加入鸟贝快速翻炒片刻，加生抽和盐翻炒均匀即可出锅。

温馨提示

生肉、鸡蛋、海产品、带泥土的生菜根等，在洗、切、拌的过程中，要注意水池、筷子、砧板及刀具等生熟分开，避免致病菌和寄生虫的污染而引发疾病。

催乳四格月子午 / 晚餐食谱 8

玉米燕麦饼 + 白玉菇拌豆腐皮 + 萝卜丝鲜虾汤 + 蒸南瓜

主食（S 格）：小麦粉、玉米面粉、燕麦片

蛋白质食物（P 格）：海虾、豆腐丝

蔬菜（V 格）：青萝卜、胡萝卜、白玉菇、黄瓜、彩椒、南瓜

补充食材（X 格）：黄豆粉

617 千卡

一人份食材数量

小麦粉 40 克	黄瓜 50 克
玉米面粉 30 克	彩椒 20 克
燕麦片 10 克	南瓜 80 克
海虾 50 克	黄豆粉 10 克
豆腐丝 40 克	食盐 1.5 克
青萝卜 100 克	橄榄油 4 克
胡萝卜 40 克	亚麻籽油 3 克
白玉菇 50 克	酱油 1 克

食材营养分析

本餐在烙饼的时候，加了10克黄豆粉，这是非常推荐的做法。因为黄豆属于大豆类食材，是优质蛋白质之一，除了含有丰富的蛋白质外，大豆还富含不饱和脂肪酸、钙、钾和维生素E等营养素。萝卜是比较常见的十字花科蔬菜，常见的有白萝卜、青萝卜、红萝卜等，因为耐储存的特性，在北方的冬季，萝卜是餐桌上的常客。萝卜含水量高，膳食纤维、维生素C和钾的含量丰富，而且萝卜的热量低，深受产妇们的喜爱。

制作方法

白玉菇拌豆腐皮：白玉菇焯水备用；豆腐皮焯水后切丝备用；黄瓜和彩椒洗净切丝，备用；将所有食材装盘，加入橄榄油、酱油、盐和蒜末拌匀即可。

温馨提示

萝卜硫素是蔬菜中发现的天然抗癌活性物质之一，生吃萝卜可以减少萝卜硫素在烹调中的损失，如沙窝萝卜、心里美萝卜等口感偏甜脆的萝卜，推荐产妇直接生吃或者凉拌后食用。

催乳四格月子午／晚餐食谱 9

鸡丝二米粥＋煮鸡蛋＋木耳炒时蔬＋蒸玉米

主食（S格）：大米、小米、黑玉米

蛋白质食物（P格）：鸡肉、鸡蛋

蔬菜（V格）：木耳、笋尖、青椒、彩椒、核桃仁

补充食材（X格）：油菜

627 千卡

一人份食材数量

- 大米 25 克
- 小米 20 克
- 黑玉米（带棒）220 克
- 鸡肉 50 克
- 鸡蛋 50 克
- 木耳（干）3 克
- 笋尖 40 克
- 青椒 20 克
- 彩椒 20 克
- 核桃仁 10 克
- 油菜 50 克
- 食盐 1.5 克
- 花生油 5 克
- 酱油 1 克

食材营养分析

油菜富含维生素和矿物质，是绿叶蔬菜的代表，营养丰富。每 100 克油菜含钙量高达 108 毫克，大致与牛奶相当，是高钙蔬菜，而且油菜维生素 C 的含量超过普通水果，还含有较多的 β-胡萝卜素、膳食纤维等，非常适合产妇食用。

制作方法

木耳炒时蔬：木耳洗净，温水泡发 1 小时后焯水备用；笋尖焯水备用；青椒和彩椒改刀后备用。锅内倒入花生油，下入葱末、姜末、蒜末爆香后加入木耳、青椒和彩椒翻炒，至青椒和彩椒稍变软时，下入笋尖、核桃仁，淋入少量酱油继续翻炒，最后加盐快速翻炒片刻即可出锅。

温馨提示

本餐所用的鸡肉为新鲜鸡肉。推荐产妇吃新鲜肉类，尽量避免食用加工肉类。加工肉类是指肉类经过腌制、发酵、烟熏以及其他手段来保存或者改善风味后的肉制品，如腊肉、培根、火腿肠及肉罐头等，吃加工肉类会让结肠癌、直肠癌的发生风险提高。

催乳四格月子午 / 晚餐食谱 10

燕麦胚芽二米饭 + 青椒炒肉丝 + 裙带菜鲜虾汤 + 西蓝花

主食（S 格）：大米、燕麦胚芽米、小米

蛋白质食物（P 格）：猪里脊、海虾

蔬菜（V 格）：青椒、彩椒、胡萝卜、西蓝花

补充食材（X 格）：裙带菜

608 千卡

一人份食材数量

大米 40 克
燕麦胚芽米 40 克
小米 20 克
猪里脊 75 克
海虾 35 克
青椒 80 克
彩椒 40 克
胡萝卜 20 克
西蓝花 60 克
裙带菜（干）2 克
食盐 1.5 克
芝麻香油 1 克
核桃油 2 克
花生油 5 克
酱油 2 克

食材营养分析

燕麦胚芽米是燕麦米去壳去糙，保留了核心营养价值的胚芽，营养丰富，含有蛋白质、膳食纤维、B 族维生素及维生素 E 等。相对于燕麦米来说，燕麦胚芽米不需要提前浸泡，可以与大米同熟，更方便烹调，口感也更润滑。燕麦是一种被证明具有降血脂作用的食物，增加摄入也可以改善肠道健康，防治高血压、抗癌等。

制作方法

裙带菜鲜虾汤：海虾去虾线备用；裙带菜温水泡发备用；锅中加入适量清水后把海虾放入，水开后撇去浮沫，继续小火煮 8 分钟左右，加入胡萝卜和裙带菜，待胡萝卜变软后关火，加入盐、核桃油和芝麻香油调味后即可出锅。

分餐的好处

分餐不仅仅是食品卫生及预防疾病的需要，也可以一目了然地看到食物的量及食材的多样化，有利于营养搭配，尤其对于孕产妇、儿童、青少年、老年人及慢性病患者等特殊人群更为重要。

催乳四格月子午／晚餐食谱 11

绿豆二米饭 + 蒸芋头 + 乌塌菜炒核桃仁 + 海蛎子豆腐汤

主食（S 格）：大米、小米、绿豆、芋头

蛋白质食物（P 格）：海蛎子、豆腐

蔬菜（V 格）：乌塌菜、胡萝卜、佛手瓜

补充食材（X 格）：核桃仁

617 千卡

一人份食材数量

大米 30 克	胡萝卜 30 克
小米 20 克	佛手瓜 50 克
绿豆 20 克	核桃仁 10 克
芋头 75 克	食盐 1.5 克
海蛎子 80 克	橄榄油 4 克
豆腐 75 克	核桃油 3 克
乌塌菜 100 克	酱油 1 克

食材营养分析

绿豆属于杂豆类，对于哺乳期女性，建议每天摄入全谷物和杂豆 75 ~ 125 克，绿豆含有丰富的蛋白质、淀粉、各种矿物质和维生素，每 100 克绿豆含蛋白质 21.6 克，营养价值很高。绿豆的升血糖作用较弱，有助于防治产妇高血糖。绿豆汤、绿豆粥及绿豆饭都比较适合产妇食用。

制作方法

乌塌菜炒核桃仁：乌塌菜切段、胡萝卜切片，备用；锅内倒入橄榄油，下入葱末、姜末、蒜末爆香，加入乌塌菜、胡萝卜和核桃仁翻炒，炒至胡萝卜变软后加入少量酱油和盐，快速翻炒均匀即可出锅。

温馨提示

产妇要增加饮水量。产妇每天分泌乳汁，加上自身代谢的增加，水的需要量也相应增加，每天应比孕前增加 1100 毫升水的摄入。产妇每餐都要保证有带汤的食物，尽量不要喝太油腻的汤，油腻的汤不仅会影响产妇的食欲，还容易引起婴儿脂肪消化不良性腹泻。

催乳四格月子午 / 晚餐食谱 12

豆沙包 + 酱牛肉 + 清炒丝瓜 + 裙带菜豆腐汤

主食（S 格）：小麦粉、红豆

蛋白质食物（P 格）：牛腱子肉、豆腐

蔬菜（V 格）：丝瓜、木耳（干）、彩椒、胡萝卜

补充食材（X 格）：裙带菜（干）

604 千卡

一人份食材数量

小麦粉 60 克	裙带菜（干）3 克
红豆 30 克	食盐 2 克
牛腱子肉 75 克	橄榄油 4 克
豆腐 70 克	花生油 5 克
丝瓜 120 克	生抽 1 克
木耳（干）2 克	老抽 2 克
彩椒 40 克	酵母（干）0.5 克
胡萝卜 20 克	绵白糖 2 克

食材营养分析

牛肉富含优质蛋白质、维生素 A、铁、B 族维生素和锌等，是非常推荐的食材。每 100 克牛肉含蛋白质 20.9 克、铁 2.7 ～ 4.4 毫克、脂肪 2.0 克。牛肉中的铁以血红素铁的形式存在，生物利用率高，吸收率不受食物中各种干扰物质的影响，尤为适合贫血产妇食用。丝瓜是高水分、低热量的蔬菜，口感嫩滑，每 100 克丝瓜只有 20 千卡的热量，与黄瓜、苦瓜等其他蔬菜相比，丝瓜中胡萝卜素、钾及镁的含量稍多一些。

制作方法

酱牛肉：牛腱子肉清洗干净后切大块凉水入锅，加入葱段、姜片、料酒去腥，水开后撇去浮沫，接着焯几分钟，捞出备用；另起锅，加入半锅清水，放入盐、老抽、香叶、八角等调味料，水开后加入牛肉，小火炖 2 小时左右关火，把牛肉放在锅中继续浸泡 2 小时，捞出即可。

温馨提示

产妇喝汤的同时要吃肉。肉汤的营养成分大约只有肉的十分之一，因此，应连汤带肉一起吃，这样才能摄入更多的营养。

催乳四格月子午 / 晚餐食谱 13

紫米燕麦粥 + 牛肉炖芋头南瓜 + 海鲜菇拌西蓝花 + 煮鸡蛋

主食（S 格）：大米、紫米、燕麦片、芋头

蛋白质食物（P 格）：牛肉、鸡蛋

蔬菜（V 格）：西蓝花、彩椒、胡萝卜、贝贝南瓜

补充食材（X 格）：海鲜菇

605 千卡

一人份食材数量

大米 40 克
紫米 10 克
燕麦片 10 克
芋头 75 克
牛肉 75 克
鸡蛋 50 克
西蓝花 100 克
彩椒 40 克
胡萝卜 40 克
贝贝南瓜 60 克
海鲜菇 60 克
食盐 1.5 克
花生油 6 克
酱油 2 克
生抽 1 克
核桃油 4 克
芝麻香油 1 克

食材营养分析

芋头是薯类食物，富含淀粉、膳食纤维和钾，每 100 克芋头含淀粉 17.1 克。芋头直接蒸煮及烹调做菜均可，与土豆非常接近。芋头热量及升糖指数均低，对需要管理体重及血糖的产妇非常友好。此外，吃芋头可以促进胃肠蠕动，有改善便秘的效果。海鲜菇味道鲜美，质地脆嫩，营养价值高，富含多种氨基酸，每 100 克海鲜菇含蛋白质 14.7 克。海鲜菇是一种低热量、低脂肪的食材，有防治便秘、提高免疫力等功效。

制作方法

牛肉炖芋头南瓜：胡萝卜、南瓜、芋头切块备用；牛肉清洗干净，切块，凉水入锅，水开后用勺子撇去浮沫，继续焯几分钟捞出控干水分。锅中倒入花生油，加入葱末、姜末、蒜末爆香，下入牛肉，加酱油翻炒均匀，加足量水小火慢炖 40 分钟后下入南瓜、胡萝卜和芋头，继续小火炖 20 分钟，出锅前加入食盐调味即可。

温馨提示

煮鸡蛋、鸡蛋羹、鸡蛋汤这三种吃法，营养吸收率高，易消化，更适合产妇。

催乳四格月子午 / 晚餐食谱 14

绿豆饭 + 香煎银鳕鱼 + 海鲜菇丝瓜虾皮汤 + 菠菜拌花生米

主食（S 格）：大米、绿豆

蛋白质食物（P 格）：银鳕鱼、虾皮

蔬菜（V 格）：海鲜菇、丝瓜、胡萝卜、菠菜、彩椒

补充食材（X 格）：花生米

605 千卡

一人份食材数量

大米 70 克
绿豆 20 克
银鳕鱼 80 克
虾皮 15 克
海鲜菇 40 克
丝瓜 120 克
胡萝卜 20 克
菠菜 60 克
彩椒 20 克
花生米 10 克
食盐 2 克
花生油 4 克
核桃油 3 克
芝麻香油 1 克
橄榄油 2 克

食材营养分析

菠菜营养价值高，富含对眼睛有益的 β-胡萝卜素，每 100 克菠菜含钾 311 毫克，比香蕉还高，钾离子有助于身体排出盐分，对血压非常友好，患有高血压的产妇一定要经常吃菠菜。此外，菠菜还含有较多的膳食纤维，不仅可以改善产妇便秘，还能延缓糖类吸收，起到预防产妇超重肥胖的作用。

制作方法

海鲜菇丝瓜虾皮汤：海鲜菇洗净，丝瓜去皮切块；海鲜菇、丝瓜焯水备用；锅中加入适量清水，水开后放入胡萝卜、海鲜菇、丝瓜，待胡萝卜变软后关火，加入虾皮、盐、核桃油和芝麻香油调味后即可出锅。

温馨提示

菠菜应焯水后再制作。菠菜含有较多草酸，每 100 克菠菜含草酸高达 606 毫克，草酸在肠道中会抑制钙、铁等矿物质的吸收，进入血液后还会增加肾结石的风险。在烹调菠菜之前，在沸水中焯水 1 分钟，可以去除大部分草酸。需要注意的是，就算做菠菜汤，也要提前进行焯水。

催乳四格月子午 / 晚餐食谱 15

玉米发糕 + 青椒炒鸡蛋 + 菠菜豆腐汤 + 凉拌冰菜

主食（S 格）：小麦面粉、玉米面粉

蛋白质食物（P 格）：鸡蛋、豆腐

蔬菜（V 格）：青椒、彩椒、菠菜、冰菜、胡萝卜

补充食材（X 格）：木耳

603 千卡

一人份食材数量

小麦面粉 50 克
玉米面粉 30 克
鸡蛋 50 克
豆腐 75 克
青椒 90 克
彩椒 20 克
菠菜 80 克
冰菜 60 克
胡萝卜 20 克
黑木耳（干）2 克
花生油 5 克
亚麻籽油 3 克
橄榄油 2 克
食盐 1.5 克
酱油 2 克
生抽 1 克
陈醋 1 克
酵母 1 克

食材营养分析

冰菜因叶片背面和茎上有大量像冰晶一样的透明颗粒而得名，其营养丰富，口感清脆，风味独特。冰菜热量低，含有丰富的膳食纤维。冰菜本身含有盐分，所以在烹调的时候可以不放或者少放盐。亚麻籽油是从亚麻籽中制取的油，含有大量的 α-亚麻酸，α-亚麻酸在体内可以转化为 DHA 和 EPA，对成年人血脂及儿童大脑和视力发育都有重要作用。

制作方法

青椒炒鸡蛋：鸡蛋打散搅匀备用；青椒、彩椒改刀备用；木耳提前泡发后焯水，备用；锅内放入花生油，把鸡蛋炒熟后盛出；再次加入少量花生油，放入葱末、姜末、蒜末爆香，下入青椒、彩椒和木耳翻炒，加入酱油继续翻炒至青椒和彩椒稍变软，加入鸡蛋翻炒片刻，加盐调味即可。

亚麻籽油的烹调及储存

亚麻籽油易氧化、不耐储存，建议用小包装的深色油瓶；亚麻籽油也不适合爆炒、煎炸等高温烹调，只适用于蒸煮、煲汤、做馅、凉拌等低温烹调。

催乳四格月子午 / 晚餐食谱 16

玉米芝麻饼 + 牛肉萝卜汤 + 冰菜拌豆腐 + 清炒西蓝花

主食（S 格）：小麦粉、玉米面粉、山药粉

蛋白质食物（P 格）：牛腱子肉、豆腐

蔬菜（V 格）：青萝卜、胡萝卜、冰菜、西蓝花、彩椒

补充食材（X 格）：芝麻

618 千卡

一人份食材数量

小麦粉 30 克
玉米面粉 30 克
山药粉 25 克
牛腱子肉 75 克
豆腐 70 克
青萝卜 100 克
胡萝卜 30 克
冰菜 100 克
西蓝花 40 克
彩椒 20 克
芝麻 3 克
食盐 2 克
花生油 3 克
橄榄油 2 克
亚麻籽油 2 克
核桃油 2 克
酱油 1 克

食材营养分析

芝麻口感香醇，富含钙、镁、钾等矿物质及维生素 E，每 100 克芝麻含蛋白质 18 克、脂肪 43 ～ 63 克，所含脂肪大多是不饱和脂肪。白芝麻油脂含量高，黑芝麻矿物质含量高。大豆油比较稳定，低温烹调及高温烹调都适合。大豆油富含一种多不饱和脂肪酸——亚油酸，而且维生素 E 和卵磷脂的含量也比大部分植物油高，是大部分家庭中消耗最多的食用油。

制作方法

玉米芝麻饼：把玉米面粉、小麦粉和山药粉放入大碗里，加少量盐和水搅拌均匀，捏成小饼备用；锅内刷花生油，将小饼放入平底锅并撒上芝麻，待面饼定型后翻面再烙 3 分钟左右，两面煎熟即可。

温馨提示

芝麻是可以榨油的食物，可以说芝麻中有一半含量是油，每 100 克芝麻的热量大约是 600 千卡，是高热量食物，建议产妇每天吃芝麻时限制在 10 克左右为宜。

催乳四格月子午 / 晚餐食谱 17

藜麦二米粥 + 排骨炖芸豆 + 小白菜拌豆干 + 黑玉米

主食（S 格）：大米、小米、藜麦

蛋白质食物（P 格）：猪小排、豆干

蔬菜（V 格）：芸豆、南瓜、小白菜、胡萝卜

补充食材（X 格）：黑玉米

629 千卡

一人份食材数量

大米 20 克
小米 10 克
藜麦 15 克
黑玉米（带棒）160 克
猪小排 60 克
豆干 40 克
芸豆 100 克
南瓜 60 克
小白菜 60 克
胡萝卜 20 克
食盐 1.5 克
生抽 1 克
酱油 2 克
大豆油 3 克
紫苏籽油 2 克

食材营养分析

猪小排属于高蛋白、高脂肪食物，口感香浓，每 100 克猪小排含蛋白质 16.7 克、脂肪 23.1 克。因猪小排脂肪含量高，烹调的时候可以不放或者少放油。对于产妇来说，要控制猪小排的食用量，避免摄入太多的脂肪。

制作方法

排骨炖芸豆：排骨凉水入锅，加入葱段、姜片、料酒焯烫去除血水；芸豆洗净切段、南瓜切块，备用；另起锅，加少量豆油，葱、姜、蒜爆香后，加入芸豆、南瓜、排骨翻炒，翻炒均匀后加入酱油调味，加水没过排骨，小火炖 40 分钟，出锅前加盐即可。

温馨提示

产妇产后要进行科学的体重管理。产后 6 ~ 8 周可以作为产妇产后体重的首次评估时间，并计划在产后 6 ~ 12 个月体重逐渐恢复至孕前水平。对于需要管理体重的哺乳期女性来说，每周下降 0.5 千克是安全且有效的，减重过快可能会影响产后恢复及乳汁分泌。

催乳四格月子午 / 晚餐食谱 18

三色糙米饭 + 青椒炒豆腐丝 + 凉拌芹菜 + 玉米排骨海带汤

主食（S 格）：大米、三色糙米、玉米

蛋白质食物（P 格）：猪小排、豆腐皮

蔬菜（V 格）：青椒、彩椒、芹菜茎、胡萝卜

补充食材（X 格）：海带

652 千卡

一人份食材数量

大米 50 克
三色糙米 20 克
玉米（带棒）120 克
猪小排 60 克
豆腐皮 40 克
青椒 40 克
彩椒 20 克
芹菜茎 40 克
胡萝卜 20 克
海带 40 克
食盐 1.5 克
芝麻香油 2 克
橄榄油 2 克
酱油 1 克

食材营养分析

芹菜是一种很值得推荐的茎类蔬菜，富含膳食纤维、胡萝卜素、维生素 C、钾和黄酮类物质等。芹菜本身含钠比较多，有淡淡的咸味，烹调时可以少放盐。此外，芹菜叶的营养价值也不错，吃芹菜时不要丢弃芹菜叶。

制作方法

青椒炒豆腐丝：青椒、彩椒改刀备用；豆腐皮焯水，切丝备用；锅内加入橄榄油，放入葱末、姜末、蒜末爆香，下入青椒和彩椒翻炒，待青椒和彩椒稍变软，加入豆腐丝、酱油和盐翻炒片刻即可。

温馨提示

产后食物品种要多样化。产妇应食物多样不过量，每天摄入 12 种以上食物，每周 25 种以上食物，合理搭配，坚持整个哺乳期的营养均衡。乳母每天的膳食应包括谷薯类、蔬菜水果类、畜禽鱼蛋奶类、大豆坚果类食物，动物性食物和大豆类食物之间可以做相应的替换。

催乳四格月子午／晚餐食谱 19

红豆饭 + 萝卜丝虾汤 + 娃娃菜炒杏鲍菇 + 冰菜拌豆干

615 千卡

主食（S 格）：大米、红豆

蛋白质食物（P 格）：海虾、豆腐干

蔬菜（V 格）：青萝卜、胡萝卜、娃娃菜、彩椒、冰菜

补充食材（X 格）：杏鲍菇

一人份食材数量

大米 80 克	冰菜 60 克
红豆 20 克	杏鲍菇 70 克
海虾 35 克	食盐 2 克
豆腐干 40 克	核桃油 2 克
青萝卜 100 克	橄榄油 3 克
胡萝卜 30 克	大豆油 4 克
娃娃菜 100 克	酱油 1 克
彩椒 30 克	生抽 1 克

食材营养分析

核桃油营养丰富，含亚油酸、油酸和亚麻酸，每 100 克核桃油亚麻酸含量为 10 ～ 18 克，α - 亚麻酸可以被身体转化为 DHA、EPA，在护脑、护眼、降血脂、改善睡眠等方面都有效果，虽然转化率很低，但还是有意义的。核桃油还含有丰富的维生素 A、维生素 E、磷脂、多酚、黄酮类物质等。

制作方法

娃娃菜炒杏鲍菇：娃娃菜和彩椒改刀备用；杏鲍菇切片，焯水备用；锅内加入大豆油，放入葱末、姜末、蒜末爆香后下入娃娃菜和彩椒翻炒，待娃娃菜稍变软，加入杏鲍菇、酱油翻炒片刻，出锅前加盐调味即可。

产妇如何补钙

奶类富含钙且易于吸收，是钙的最好食物来源，如果产妇每天饮奶总量达到 500 毫升，就可以获得 540 毫克钙。除奶制品外，豆制品、绿叶菜、虾皮等食物的含钙量也较为丰富，本餐中 40 克豆腐干含钙量大约为 120 毫克。

催乳四格月子午 / 晚餐食谱 20

玉米糙粥 + 豆角炒肉丝 + 番茄炒鸡蛋 + 蒸红薯

主食（S 格）：大米、玉米糙

蛋白质食物（P 格）：猪瘦肉、鸡蛋

蔬菜（V 格）：豆角、胡萝卜、番茄

补充食材（X 格）：红薯

623 千卡

一人份食材数量

大米 30 克	番茄 100 克
玉米糁 30 克	红薯 75 克
猪瘦肉 75 克	大豆油 5 克
鸡蛋 50 克	橄榄油 3 克
豆角 150 克	食盐 2 克
胡萝卜 40 克	酱油 3 克

食材营养分析

豆角又称四季豆、菜豆等，是非常常见的鲜豆类蔬菜，豆角含有丰富的蛋白质、β-胡萝卜素、膳食纤维等，营养价值高，味道鲜嫩可口，深受人们的喜爱，也非常适合产妇食用。

制作方法

番茄炒鸡蛋：鸡蛋打散搅匀，备用；番茄去皮、切块，备用；锅内放入橄榄油，把鸡蛋炒熟后盛出；再次加入少量橄榄油，放入葱末、姜末、蒜末爆香，下入番茄翻炒，炒至番茄稍变软出汁后加入酱油继续翻炒片刻，最后加入鸡蛋和盐翻炒均匀即可出锅。

温馨提示

需要注意的是，生的豆角和未煮熟的豆角中含有大量的红细胞凝集素和特异皂苷，如果烹饪时没彻底熟透可引起食物中毒。正确的做法是，烹饪前把豆角两头和荚丝择掉，焯水，使之失去原有的生绿色，才可以食用。

催乳四格月子午/晚餐食谱 21

豆沙包 + 牛心菜炒虾仁 + 杂菇排骨汤 + 凉拌菜花

主食（S格）：小麦粉、红豆

蛋白质食物（P格）：猪小排、虾仁

蔬菜（V格）：牛心菜、彩椒、菜花、胡萝卜

补充食材（X格）：杂菇

627 千卡

一人份食材数量

小麦粉 50 克
红豆 30 克
猪小排 60 克
虾仁 30 克
牛心菜 120 克
彩椒 40 克
菜花 60 克
胡萝卜 20 克
杂菇 50 克
食盐 2 克
葵花籽油 3 克
芝麻香油 2 克
酱油 1 克
酵母（干）0.5 克
绵白糖 2 克

食材营养分析

牛心菜也叫包心菜、大头菜、卷心菜等，口感清脆鲜香，易储存，营养价值较高，每 100 克牛心菜含维生素 C40 毫克、钙 49 毫克、钾 124 毫克、膳食纤维 1 克，非常适合产妇食用。葵花籽油就是由葵花籽制取的，低温或高温烹调均可，葵花籽油中除了含有较多的维生素 E 和绿原酸等营养物质之外，还含有高比例的亚油酸，营养价值很高。

制作方法

凉拌菜花：彩椒改刀备用；菜花择成小朵洗净，焯水 2 ~ 3 分钟，捞出，过凉并沥干水分；把彩椒和菜花放入盘中，加入蒜蓉、陈醋、盐、芝麻香油，拌匀即可食用。

植物化学物

本餐食材牛心菜是十字花科蔬菜，含有硫苷。酚类、萜类、硫苷、植物多糖等植物来源的化学成分对身体大有益处，泛称为植物化学物，具有预防慢性疾病等多种作用。

催乳四格月子午 / 晚餐食谱 22

绿豆饭 + 萝卜山药牛肉汤 + 菜花炒杏鲍菇 + 豆腐丝拌海带

主食（S 格）：大米、绿豆

蛋白质食物（P 格）：牛肉、豆腐丝

蔬菜（V 格）：青萝卜、胡萝卜、菜花、杏鲍菇、彩椒、海带丝

补充食材（X 格）：山药

612 千卡

一人份食材数量

大米 60 克
绿豆 20 克
牛肉 75 克
豆腐皮 30 克
青萝卜 70 克
胡萝卜 30 克
菜花 100 克
杏鲍菇 60 克
彩椒 30 克
海带丝 40 克
山药 50 克
食盐 2 克
葵花籽油 5 克
紫苏油 2 克
芝麻香油 1 克
生抽 1 克
酱油 1 克

食材营养分析

山药和红薯、土豆、芋头一样，都是薯类，山药钾的含量很高，还有较多的维生素 C，每 100 克山药含蛋白质 1.9 克、不溶性膳食纤维 0.8 克。山药容易消化，可以提高主食营养质量，特别适合产妇食用。

制作方法

菜花炒杏鲍菇：彩椒洗净切块备用；菜花择成小朵，杏鲍菇切片，将二者洗净后一起焯水，备用；锅内倒入葵花籽油，下入葱末、姜末、蒜末爆香，加入菜花、杏鲍菇和彩椒翻炒，炒至彩椒稍变软，加入酱油和盐翻炒均匀即可出锅。

温馨提示

豆制品营养丰富，推荐产妇每天吃大豆 25 克，相当于北豆腐 72.5 克、南豆腐 140 克、豆浆 365 克、豆腐干 55 克、内酯豆腐 175 克、豆腐丝 40 克、素鸡 52.5 克。本餐所用食材豆腐皮的制作过程与豆腐大致相同，因其水分更少，所以蛋白质和钙等营养素的含量明显提高。豆腐皮属百搭食材，推荐产妇食用。

催乳四格月子午/晚餐食谱 23

豌豆鸡蛋饼 + 娃娃菜金针菇拌虾仁 + 番茄土豆汤 + 蒸南瓜

主食（S 格）：小麦粉、土豆

蛋白质食物（P 格）：鸡蛋、虾仁

蔬菜（V 格）：番茄、牛心菜、胡萝卜、
娃娃菜、金针菇、彩椒、南瓜

补充食材（X 格）：青豌豆

615 千卡

一人份食材数量

小麦粉 50 克
土豆 75 克
鸡蛋 50 克
虾仁 30 克
番茄 150 克
牛心菜 50 克
胡萝卜 30 克
娃娃菜 70 克
金针菇 60 克
彩椒 30 克
南瓜 80 克
青豌豆 30 克
食盐 2 克
大豆油 5 克
核桃油 5 克
芝麻香油 1 克
生抽 2 克

食材营养分析

青豌豆含有丰富的蛋白质、B 族维生素和膳食纤维，每 100 克青豌豆含膳食纤维 5.7 克，非常适合容易便秘的产妇食用。芝麻香油是由芝麻榨的油，营养品质很高，有独特的香味，含有丰富的维生素 E 及芝麻素、芝麻酚等植物化学物质，常用于凉拌，是家庭必备的烹饪用油。

制作方法

豌豆鸡蛋饼：胡萝卜去皮后洗净切丁，豌豆洗净，将二者焯水后捞出沥干水分，备用；将一个鸡蛋打入小麦粉里，加胡萝卜丁、豌豆，以及少量水和盐，搅拌成糊状；平底锅内刷大豆油，将面糊倒入锅中，待面饼定型后翻面再烙 3 分钟左右，至两面全熟即可。

发芽土豆不要吃

土豆所含的龙葵素有毒性，正常情况下含量极少，但未成熟的土豆及土豆发芽后，龙葵素含量大增，容易引起中毒。土豆的储存应避免光和热，放在阴凉处或冰箱冷藏，并尽快食用为宜。

催乳四格月子午 / 晚餐食谱 24

藜麦饭 + 秋葵炒鸡蛋 + 清炒莜麦菜 + 番茄龙利鱼汤

主食（S 格）：大米、藜麦

蛋白质食物（P 格）：龙利鱼、鸡蛋

蔬菜（V 格）：番茄、秋葵、胡萝卜、莜麦菜、彩椒

补充食材（X 格）：芹菜茎

623 千卡

一人份食材数量

大米 60 克
藜麦 30 克
龙利鱼 80 克
鸡蛋 50 克
番茄 100 克
秋葵 100 克
胡萝卜 30 克
莜麦菜 60 克
彩椒 20 克
芹菜茎 20 克
食盐 2 克
亚麻籽油 3 克
葵花籽油 5 克
豆油 2 克
酱油 1 克

食材营养分析

龙利鱼是海洋优质鱼类，口感爽滑、味道鲜美，每 100 克龙利鱼含蛋白质 17.7 克，还含有较多的 DHA 等多不饱和脂肪酸。龙利鱼无鳞无刺，制作简单，推荐产妇食用。莜麦菜口感鲜脆，生食或者炒着吃都不错，莜麦菜中胡萝卜素、钙和钾的含量都不低。因莜麦菜的叶子中含有莴苣素，所以有时会尝出一丝丝苦味，对身体没有影响，可以放心吃。

制作方法

秋葵炒鸡蛋：鸡蛋打散搅匀，胡萝卜切片，秋葵去蒂洗净，备用；锅中加水烧开，加入少量的盐和油，倒入秋葵焯水后捞出，切段备用；锅中放入葵花籽油，淋入蛋液，炒熟后盛出；锅中再次加入少量葵花籽油，放入葱末、姜末、蒜末爆香，下入胡萝卜翻炒片刻，加入秋葵、鸡蛋稍翻炒一下，最后加入酱油和少量盐翻炒均匀即可出锅。

温馨提示

给蔬菜焯水时，可以在水开后下锅，并在水中加点盐和油，这样可以防止氧化酶破坏叶绿素，绿色的蔬菜就可以保持颜色翠绿了。

催乳四格月子午 / 晚餐食谱 25

海参南瓜小米粥 + 虾仁拌菜花 + 大头菜炒香菇 + 蒸红薯

主食（S 格）：小米、红薯

蛋白质食物（P 格）：海参、虾仁

蔬菜（V 格）：大头菜、香菇、胡萝卜、菜花、南瓜

补充食材（X 格）：核桃仁

602 千卡

一人份食材数量

小米 40 克	南瓜 40 克
红薯 100 克	核桃仁 10 克
海参 40 克	食盐 1.5 克
虾仁 40 克	花生油 5 克
大头菜 80 克	酱油 1 克
香菇 80 克	亚麻籽油 3 克
胡萝卜 40 克	芝麻香油 1 克
菜花 60 克	

食材营养分析

香菇属于菌类蔬菜，有鲜香菇和干香菇可以选择，是最常见的食用菌之一。香菇膳食纤维丰富，所含的香菇多糖可以提高免疫力，所含的维生素 D 可以促进钙的吸收，每 100 克干香菇含蛋白质 20 克，推荐产妇食用。

制作方法

❶ 大头菜炒香菇：大头菜改刀，香菇择成小朵，焯水备用；胡萝卜洗净切片备用；锅内倒入花生油，放入葱末、姜末、蒜末爆香，加入胡萝卜翻炒，炒至胡萝卜稍变软后加入大头菜、香菇和酱油继续翻炒片刻，最后加入核桃仁和盐翻炒均匀即可出锅。

❷ 海参南瓜小米粥：南瓜洗净，无须去皮，切成小块后与小米一起放入电饭煲中，按杂粮粥键操作；海参是即食的，在粥出锅前放入即可。

温馨提示

很多人认为熬粥时加碱可以让粥变得更黏稠，口感更好。不建议煮粥加碱。因为加碱会破坏粥里的 B 族维生素等营养成分，弊大于利。

催乳四格月子午 / 晚餐食谱 26

红枣玉米饼 + 西葫芦炒鸡蛋 + 番茄裙带菜虾仁汤 + 黄瓜

主食（S 格）：小麦粉、玉米面粉

蛋白质食物（P 格）：虾仁、鸡蛋、黄豆粉

蔬菜（V 格）：番茄、裙带菜、西葫芦、黑木耳、胡萝卜、黄瓜

补充食材（X 格）：红枣

643 千卡

一人份食材数量

小麦粉 40 克	胡萝卜 30 克
玉米面粉 20 克	黄瓜 100 克
虾仁 30 克	红枣（干）20 克
鸡蛋 50 克	食盐 2 克
黄豆粉 15 克	紫苏籽油 2 克
番茄 100 克	芝麻香油 1 克
裙带菜（干）3 克	花生油 3 克
西葫芦 100 克	大豆油 5 克
黑木耳（干）3 克	酱油 1 克

食材营养分析

番茄是 β - 胡萝卜素、番茄红素、钾、维生素 C、膳食纤维等营养素的良好来源，番茄是低糖、低热量食物，每 100 克番茄的能量仅为 15 千卡，番茄的口味酸酸甜甜，深受人们的喜爱。

制作方法

西葫芦炒鸡蛋：木耳提前泡发，焯水后备用；鸡蛋打散搅匀备用；胡萝卜和西葫芦切片备用；锅内放入大豆油，把鸡蛋炒熟后盛出；再次加入少量大豆油，放入葱末、姜末、蒜末爆香，放入西葫芦和胡萝卜翻炒，炒至食材稍变软后加入木耳、鸡蛋继续翻炒片刻，最后加入酱油和盐翻炒均匀即可。

番茄生吃、熟吃各有优势

番茄生吃口感好、维生素保留多；熟吃番茄红素更容易吸收。番茄红素是一种类胡萝卜素，有抗氧化及清除体内自由基的作用。另外，番茄中含有一些有机酸，有胃肠疾病的产妇应尽量选择熟吃，避免反酸及加重病情。

催乳四格月子午 / 晚餐食谱 27

紫米饭 + 芹菜炒牛肉 + 香菇拌秋葵 + 紫菜蛋花汤

主食（S 格）：大米、紫米

蛋白质食物（P 格）：牛肉、鸡蛋

蔬菜（V 格）：黄瓜、芹菜、胡萝卜、香菇、秋葵、彩椒

补充食材（X 格）：紫菜

615 千卡

一人份食材数量

大米 70 克
紫米 20 克
牛肉 75 克
鸡蛋 50 克
黄瓜 30 克
芹菜 100 克
胡萝卜 40 克
香菇 30 克
秋葵 30 克
彩椒 20 克
紫菜（干）1 克
食盐 2 克
葵花籽油 5 克
核桃油 4 克
芝麻香油 1 克
生抽 1 克
酱油 1 克

食材营养分析

紫米富含 B 族维生素、赖氨酸、多酚等营养素，对于产妇来说有很好的滋补作用，在焖饭或煮粥过程中无须提前浸泡，可以与大米同熟，口感软糯，推荐产妇食用。紫菜营养价值丰富，富含蛋白质、钙、碘、膳食纤维等营养素。因紫菜天然含有较多钠，烹调时少放盐即可。此外，紫菜中含有的藻胶属于可溶性膳食纤维，可增加饱腹感，有利于产妇管理体重。

制作方法

香菇拌秋葵：彩椒改刀备用；香菇和秋葵焯水，捞出后过凉并沥干水分，改刀备用；把彩椒、香菇和秋葵放入盘中，加入蒜蓉、陈醋、生抽、盐和核桃油拌匀即可食用。

紫米为何会变色

像紫薯、紫米这些富含花青素的食物，容易变色。花青素溶于水，在淘洗或烹饪过程中，如果水是碱性的，就可能会变成绿色、蓝色，而不是紫色，这是正常现象。

催乳四格月子午 / 晚餐食谱 28

芹叶鸡蛋饼 + 西葫芦炒木耳 + 蒸南瓜 + 罗宋汤

主食（S 格）：小麦粉、土豆

蛋白质食物（P 格）：鸡蛋、牛肉

蔬菜（V 格）：芹菜叶、番茄、牛心菜、西葫芦、胡萝卜、南瓜

补充食材（X 格）：黑木耳

607 千卡

一人份食材数量

小麦粉 60 克	胡萝卜 30 克
土豆 75 克	南瓜 80 克
鸡蛋 50 克	黑木耳（干）3 克
牛肉 75 克	食盐 2 克
芹菜叶 30 克	花生油 4 克
番茄 120 克	大豆油 3 克
牛心菜 60 克	酱油 1 克
西葫芦 100 克	

食材营养分析

土豆是我国居民经常食用的薯类，可作为优质主食，其富含淀粉、维生素 C、膳食纤维、镁和钾等营养素，跟同等质量的大米相比饱腹感更强，还能延缓血糖上升。花生油是家庭中比较常见的食用油，含有维生素 E、甾醇、磷脂等营养物质，低温烹调和高温烹调均可，品质比较稳定。

制作方法

罗宋汤：牛肉焯水后切块备用；番茄洗净，去皮、切块，备用；土豆和牛心菜改刀备用；锅内倒入花生油，待油 5 分热时加入番茄翻炒，炒出汤汁后加足量的水，水开后加入牛肉块和香叶小火慢煮 1 小时左右，待牛肉软烂后加入土豆和牛心菜继续煮 20 分钟，出锅前加盐调味即可。

温馨提示

如果喜欢番茄味道浓一点，可以加适量番茄沙司或番茄酱调味，会使罗宋汤的整体口感更加浓郁。需要注意的是，番茄沙司是一种复合调料，通常会在番茄酱的基础上加入油、盐、糖等调味料，产妇可以根据产品的配料表按需购买。

下篇

产后瘦身 四格月子餐 营养食谱示范

妇女在孕产期常过度饮食并且缺少运动，易导致孕期体重增长过多和产后体重滞留。产后体重滞留是老生常谈的话题，是指妇女生产后体重不能恢复到妊娠前水平的现象。许多因素都可以影响产后体重滞留的水平，其中孕前超重或肥胖、孕期体重增长过多、吃动不平衡、是否母乳喂养、心理及睡眠等原因最为常见。研究显示，妇女产后体重滞留程度与其发生近远期超重及肥胖，未来罹患糖尿病、高血压、高脂血症、心脑血管疾病等多种慢性病的风险相关。

产后体重滞留 = 产后体重 - 孕前体重，我国乳母产后一年平均体重滞留 3.1 千克。高体重滞留是指乳母产后 0 ～ 5 个月体重滞留≥ 7 千克，产后 6 ～ 11 个月体重滞留≥ 6 千克，产后 12 ～ 23 个月体重滞留≥ 5 千克。我国乳母的产后高体重滞留率为 41.5%，减脂是产后体重滞留的产妇迫在眉睫的需求。当然，需要注意的是，减脂的前提是不影响哺乳，这是最重要的。

产后 1 年内是产妇体重恢复的关键时期，通过合理膳食和充足的身体活动等综合措施，使产后女性逐渐达到并维持健康体重（BMI 为 18.5 ～ 23.9kg/m^2）。研究表明，产妇产后每周体重下降 0.5 千克是安全而有效的，减重过快可能影响到产后身体恢复及乳汁分泌。哺乳期妇女不推荐应用减重药控制体重，哺乳期结束后可启动药物治疗，药物选择同正常成人。哺乳期体重管理的基本饮食原则如下。

1. 减少精制谷物摄入，避免“添加糖”

超重及肥胖的产妇要适当降低碳水化合物的总摄入量，减少白米饭、白面条、白馒头、白粥和白面包等精制谷物的摄入，增加全谷物、杂豆和薯类的食用量，如杂粮米饭、全麦米饭、荞麦面条、红豆饭、蒸山药等。全谷物没有经过精细加工，保留的 B 族维生素、膳食纤维、钾、镁等营养素更多，在增加产妇饱腹感的同时还可提高乳汁的营养品质。

正确摄入“添加糖”

“添加糖”是人为添加到各种加工食品、饮料和菜肴中的蔗糖(白砂糖、红糖、冰糖)、果糖、葡萄糖、麦芽糖等，但不包括水果中天然含有的糖。《中国居民膳食指南(2022)》建议，每日添加糖摄入量不超过 50 克，最好控制在 25 克以内，过多的添加糖可以增加龋齿、2 型糖尿病及体重增长的发生风险。

2. 增加新鲜蔬菜的摄入

“中国哺乳期妇女平衡膳食宝塔”推荐，产妇每日的蔬菜总量要达到 400 ~ 500 克，对于有减脂需求的产妇来说，可以在此基础上适当增加新鲜蔬菜的摄入。蔬菜富含膳食纤维、维生素、矿物质和植物化学物，能增加饱腹感，而且能量较低。含膳食纤维相对较高的蔬菜有菠菜、蒜薹、秋葵、西蓝花、木耳、香菇、裙带菜、竹笋、芹菜等，这些蔬菜中的膳食纤维以粗纤维为主，对管理体重及调节血脂都有帮助。

3. 产妇要学会看“食品标签”

食品标签

食品标签是指配料表、营养成分表、营养声称等与营养有关的信息，通过食品标签，产妇可以了解到加工食品营养价值高低，以此判断该产品是否适合有减脂需求的产妇食用。配料表中各种配料的排序是按照加入量比例由多至少的递减顺序排列的，重点关注配料表中的白砂糖、果葡糖浆、葡萄糖等各种糖类，以及精炼植物油、起酥油、棕榈油、椰子油等各种油脂。

在营养成分表中，重点关注“能量”一项，超重及肥胖的产妇尽量少吃或不吃“高能量食品”。每100克食物中能量含量超过400千卡（1680千焦）的为高能量食品。

4. 选择正确的烹调方式

在不违背营养健康的前提下，可以结合当地的饮食特色，尊重产妇饮食习惯，尽量少用煎、炸、烤的烹调方式，烧烤、油炸等高温烹调方式会破坏食物的营养结构，增加脂肪含量等，不利于体重管理。选择蒸、煮、炒、拌等烹调方式是非常好的选择。

5. 产妇要吃动平衡

一些家庭的生活观念认为“吃得多”“能吃”“富态”就是身体好。产妇除了要掌握哺乳期减脂的饮食建议，还要做到吃动平衡。每周称一次体重，做到心中有数，但不要一味地追求体重的降低，而应把整个身体调整到最佳状态，以便于更好地恢复自身状态，并保持乳汁的充盈。产后运动要根据自身状态循序渐进，不建议在分娩后很快恢复高强度运动，不要过早地进行负重劳动。产后女性应减少静坐时间，任何形式、任何强度的身体活动都可以获得更多的健康效益。

6. 保持充足睡眠、心情愉悦

乳母要保证每日 7 ~ 9 小时睡眠，以促进乳汁分泌和产后身体恢复。随着社会经济的快速发展，人们的心理压力、焦虑和抑郁等发生率急剧上升，不良的社会心理状况可能是导致产妇超重和肥胖发生率升高的因素之一。有研究表明，心理健康障碍和各种消极的情绪会导致饮食行为异常、久坐等不良生活方式，继而增加肥胖风险。所以加强社会支持、保持心情舒畅、预防产后抑郁等均可能有助于预防产后体重滞留。

7. 其他注意事项

吸烟、饮酒会影响产妇乳汁分泌，香烟中含有的尼古丁，酒中含有的酒精均可通过乳汁进入婴儿体内，影响婴儿睡眠及精神运动发育，因此，产妇在哺乳期间应忌烟酒。茶和咖啡中的咖啡因可以造成婴儿兴奋，在婴儿 3 个月内，乳母应避免饮用咖啡和茶等含咖啡因的饮品，3 个月后，乳母每日咖啡因摄入量应小于 200 毫克。

本篇共提供了 42 例哺乳期减脂四格营养食谱，其中包括减脂早餐食谱 14 例（每餐约 500 千卡）和减脂午 / 晚餐食谱 28 例（每餐约 600 千卡），产妇可再额外安排 1 ~ 2 次加餐（合计 150 ~ 200 千卡），来控制总体能量的摄入。通过合理膳食的方式，满足产妇营养需要的同时，兼顾满足产妇文化、习俗和心理需求，帮助产妇形体恢复，预防及改善产后体重滞留，助力产妇达到或保持健康体重。

减脂
四格月子
早餐食谱
14
例

减脂四格月子早餐食谱 1

山药二米饭 + 冬瓜虾汤 + 黄瓜拌蛋皮海带魔芋丝 + 花生仁

主食（S 格）：大米、小米、山药

蛋白质食物（P 格）：海虾、鸡蛋

蔬菜（V 格）：冬瓜、黄瓜、魔芋丝、海带丝

补充食材（X 格）：花生仁

550 千卡

一人份食材数量

大米 50 克	海带丝 40 克
小米 20 克	花生仁 10 克
山药 50 克	食盐 1 克
海虾 50 克	生抽 1 克
鸡蛋 50 克	花生油 3 克
冬瓜 100 克	紫苏油 2 克
黄瓜 80 克	香油 2 克
魔芋丝 60 克	

食材营养分析

冬瓜是特别适合煲汤的食材，有消肿利尿的作用。每 100 克冬瓜能量为 11 千卡，能量很低，而且富含膳食纤维，与海虾搭配食用，味道鲜美。制作过程也方便快捷，深受产妇们的喜爱。魔芋的能量低，主要成分是葡甘露聚糖，也叫魔芋胶，是一种可溶性膳食纤维，吃后有较强的饱腹感，还能延缓葡萄糖及胆固醇的吸收，尤其适合超重、高血糖及高血脂的产妇食用。

制作方法

黄瓜拌蛋皮海带魔芋丝：黄瓜切丝，鸡蛋摊成蛋皮后切成丝，备用；海带丝和魔芋丝焯水过凉备用；以上食材全部装入盘中，加入香油、紫苏油、生抽、盐、葱花、香菜和蒜末拌匀即可食用。

挑选鸡蛋的小技巧

在这里跟大家分享一下新鲜鸡蛋的挑选技巧：鲜蛋的蛋壳坚硬、完整、清洁，常有一层粉状物，手摸发涩，手感沉，灯光透视可以看见蛋呈微红色。

减脂四格月子早餐食谱 2

藜麦二米饭 + 香煎三文鱼 + 洋葱小白菜蛋花汤 + 花生

主食（S 格）：大米、小米、藜麦

蛋白质食物（P 格）：三文鱼、鸡蛋

蔬菜（V 格）：洋葱、小白菜、胡萝卜

补充食材（X 格）：花生

一人份食材数量

大米 40 克	胡萝卜 20 克
小米 15 克	花生 10 克
藜麦 15 克	食盐 1 克
三文鱼 50 克	生抽 1 克
鸡蛋 50 克	花生油 2 克
洋葱 20 克	芝麻香油 2 克
小白菜 60 克	

食材营养分析

洋葱里备受关注的成分是硫化物，它对健康有很大益处，可以起到杀菌、提高免疫力及降血脂等作用。洋葱也是百搭食材，生吃、素炒、做馅儿或者调味都非常好。三文鱼是典型的富脂鱼类，富含 Omega-3 多不饱和脂肪酸，尤其是 DHA 和 EPA，对大脑和视觉发育特别重要。另外，Omega-3 多不饱和脂肪酸对心血管疾病、糖尿病等慢性代谢性疾病的诊治也有重要意义，推荐产妇经常食用。

制作方法

香煎三文鱼：新鲜三文鱼直接制作，冷冻三文鱼需要提前放在冷藏室解冻。煎鱼前用厨房纸巾把鱼表面的水分蘸干，电饼铛开上下火，刷食用油，小火煎 5 分钟左右，撒上少许盐即可食用。

温馨提示

小白菜等蔬菜在处理时要先洗后切，避免蔬菜中的水溶性维生素和矿物质从切口处流失过多。洗切后尽快炒制及食用，最大限度地保证营养素的摄入。

减脂四格月子早餐食谱 3

红米南瓜粥 + 蒸玉米 + 虾仁拌木耳 + 青椒炒鸡蛋

主食（S 格）：红米、大米、玉米

蛋白质食物（P 格）：鸡蛋、虾仁

蔬菜（V 格）：青椒、彩椒、南瓜

补充食材（X 格）：黑木耳

520 千卡

一人份食材数量

红米 20 克	彩椒 20 克
大米 20 克	南瓜 60 克
玉米（带棒）240 克	黑木耳（干）2 克
鸡蛋 50 克	食盐 1.5 克
虾仁 20 克	芥花油 5 克
青椒 80 克	亚麻籽油 2 克
	生抽 1 克

食材营养分析

红米又称南米，属于有色稻米，米质比较好，富含的微量元素比大米高，含有黄酮类化合物、植物甾醇、生物碱等成分，做米饭、粥都特别适合。产妇日常单独食用红米或与大米等其他主食搭配食用都很方便，不需要提前浸泡。青椒也叫菜椒、圆椒等，是维生素 C 含量较高的蔬菜之一，每 100 克青椒含 72 克维生素 C，与红肉、动物肝脏等食材搭配食用，对缺铁性贫血的产妇尤为适合。除了维生素 C 之外，青椒中 β - 胡萝卜素、膳食纤维和钾的含量也不低。

制作方法

红米南瓜粥：南瓜切成小块，大米和红米淘洗干净后与南瓜块一起放入电饭煲中，按杂粮粥键操作即可。

温馨提示

青椒购买后如果在冷藏室中放得太久，表皮会变皱并出现斑点，这是青椒发生“冷害”的表现，温度在 10℃左右更适合青椒的存放。另外，长时间存放会让青椒中的维生素 C 含量有所损失，因此建议尽快食用。

减脂四格月子早餐食谱 4

燕麦红豆粥 + 煮鸡蛋 + 西葫芦炒虾仁 + 蒸玉米

主食（S 格）：大米、红豆、燕麦片

蛋白质食物（P 格）：鸡蛋、虾仁

蔬菜（V 格）：西葫芦、彩椒、胡萝卜

补充食材（X 格）：玉米

538 千卡

一人份食材数量

大米 40 克
红豆 10 克
燕麦片 10 克
鸡蛋 50 克
虾仁 30 克
西葫芦 100 克
彩椒 20 克
胡萝卜 20 克
玉米（带棒）160 克
食盐 1 克
生抽 1 克
花生油 6 克

食材营养分析

红豆是比较常见的食材，与绿豆、芸豆、鹰嘴豆和蚕豆等统称为杂豆，其富含淀粉，属于主食类食物，每 100 克红豆含蛋白质 20.2 克，蛋白质含量在主食里很突出。红豆的豆皮除了富含维生素外，还含有膳食纤维和多酚类抗氧化物质，产妇应尽量整豆食用，不要去皮。

制作方法

西葫芦炒虾仁：西葫芦、胡萝卜切片，彩椒切块，备用；锅内倒入花生油，下入葱末、姜末、蒜末爆香，加入虾仁，炒至虾仁变色后加入西葫芦、胡萝卜、彩椒，炒至变软，加少量生抽和盐调味即可。

温馨提示

❶ 制作红豆馅需要蒸煮的时间较长，可以提前做好，分装冷冻，方便日常食用。如果在外购买红豆制品，一定要注意是否有添加糖，尽量选择少糖的红豆产品。

❷ 红豆、鹰嘴豆、蚕豆等杂豆的升糖指数（GI）都很低，GI 反映了食物与葡萄糖相比升高血糖的速度和能力，对于高糖的产妇来说，更要经常吃杂豆等 GI 低的食物。

减脂四格月子早餐食谱 5

蔬菜燕麦饼 + 煮鸡蛋 + 火龙果芭乐酸奶 + 开心果

主食（S 格）：面粉、燕麦片

蛋白质食物（P 格）：鸡蛋、无糖酸奶

蔬菜（V 格）：胡萝卜、佛手瓜、洋葱

补充食材（X 格）：火龙果、芭乐、开心果

530 千卡

一人份食材数量

面粉 40 克	洋葱 10 克
燕麦片 10 克	火龙果 40 克
鸡蛋 50 克	芭乐 40 克
无糖酸奶 250 克	开心果 10 克
胡萝卜 30 克	食盐 1 克
佛手瓜 40 克	花生油 3 克

食材营养分析

牛奶、酸奶等奶制品富含优质蛋白质和钙，每天要食用奶制品已是众所周知的营养科普小常识。对于产妇来说，还要重点关注一下酸奶的含糖量，可以查看酸奶的食品标签。在营养成分表中，碳水化合物含量越高，所含的添加糖就越多，每 100 克酸奶中，碳水化合物含量在 5 克左右基本就是无糖酸奶。

制作方法

蔬菜燕麦饼：佛手瓜、胡萝卜和洋葱切成小丁后加入面粉里，加少量水和盐搅拌均匀后加入燕麦片，继续搅拌至糊状，静置 5 分钟，以便燕麦片充分吸收水分；平底锅内刷油，将面糊倒入锅中，待面饼定型后翻面，再烙 3 分钟左右，至两面全熟即可。

温馨提示

非常推荐家庭自制酸奶，用市售菌粉、新鲜酸奶作为菌种均可制作，不加糖或者少加糖都比较好把握，吃的时候可以加入一点带有甜味的新鲜水果，如蓝莓、猕猴桃、草莓等，改善口感的同时，还能增加食物的多样化，提高食物的颜值。

减脂四格月子早餐食谱 6

山药鸡蛋饼 + 时蔬拌虾仁 + 蜜桃酸奶 + 蒸红薯

主食（S 格）：面粉、山药粉、红薯

蛋白质食物（P 格）：鸡蛋、虾仁、无糖酸奶

蔬菜（V 格）：佛手瓜、彩椒、洋葱

补充食材（X 格）：蜜桃

545 千卡

一人份食材数量

面粉 20 克	洋葱 10 克
山药粉 20 克	蜜桃 60 克
红薯 50 克	亚麻籽油 3 克
鸡蛋 50 克	花生油 2 克
虾仁 30 克	芝麻香油 1 克
无糖酸奶 250 克	食盐 1 克
佛手瓜 50 克	生抽 1 克
彩椒 30 克	

食材营养分析

山药属于药食同源的优质食材，山药中含有多糖、皂苷、多酚、蛋白质等多种功能性成分，对身体大有益处。直接吃山药或者吃山药粉都是非常好的选择。山药磨成粉后，可以跟小麦粉、玉米粉及其他蔬菜一起调成面糊烙饼，口感软糯香甜，利于消化吸收，特别适合产妇食用。蜜桃口感清甜，鲜嫩爆汁，深受产妇们的喜爱，搭配无糖酸奶是非常好的选择，不仅可以提升口感，还能增加更多的营养。桃子的酚类物质特别丰富，有抗氧化、清除自由基等生物活性。

制作方法

山药鸡蛋饼：小麦粉和山药粉放入盆里，打入一个鸡蛋，加少量盐和水调成均匀的糊状。平底锅内刷油，将面糊倒入锅中，待面饼定型后翻面再烙 3 分钟左右，煎至两面全熟即可。

温馨提示

哺乳期妇女每日水果的推荐量是 200 ~ 350 克，提醒一下产妇们，蜜桃虽好吃，但不要贪多哦！

减脂四格月子早餐食谱 7

鸡丝藜麦粥 + 土豆饼 + 煮鸡蛋 + 核桃仁

主食（S 格）：大米、藜麦、小麦面粉、土豆

蛋白质食物（P 格）：鸡肉、鸡蛋

蔬菜（V 格）：西葫芦、彩椒

补充食材（X 格）：核桃仁

535 千卡

一人份食材数量

大米 30 克	西葫芦 40 克
藜麦 15 克	彩椒 20 克
小麦面粉 30 克	核桃仁 10 克
土豆 50 克	芥花油 3 克
鸡肉 30 克	食盐 1.5 克
鸡蛋 50 克	

食材营养分析

核桃含有丰富的蛋白质、多不饱和脂肪酸、维生素 E、多酚、钾等营养素，是营养价值很高的坚果。核桃除了直接吃之外，还可以炒菜或者 DIY 其他美食，非常推荐产妇食用。西葫芦也叫角瓜，是比较常见的瓜类蔬菜，含有大约 95% 的水分。西葫芦虽然是绿色的，但是维生素和矿物质的含量不算高，其优点是好搭配、耐储存。

制作方法

鸡丝藜麦粥：西葫芦洗净切条备用；大米和藜麦淘洗干净后放入电饭煲内，鸡肉洗净切条后一并放入，按杂粮粥键进行操作，熬制 30 分钟左右，加入洗净切好的西葫芦条和盐，继续熬煮 10 分钟，即可食用。

温馨提示

坚果按照原料来源分为树坚果和果实种子。常见树坚果主要有核桃、扁桃仁、腰果、开心果、杏仁、榛子、松子等；果实种子有花生、南瓜子、葵花籽等。产妇们要注意坚果的食用量，一个中等大小的核桃剥出来的果仁有 6 ~ 7 克，哺乳期妇女每日坚果的推荐量是 10 克，最多也就是 2 个核桃的量。

减脂四格月子早餐食谱 8

海参小米粥 + 蒸玉米 + 洋葱炒鸡蛋 + 青椒木耳拌虾皮

主食（S 格）：小米、玉米

蛋白质食物（P 格）：海参、鸡蛋、虾皮

蔬菜（V 格）：洋葱、青椒、黑木耳

补充食材（X 格）：枸杞

527 千卡

一人份食材数量

小米 40 克
玉米（带棒）210 克
海参 40 克
鸡蛋 50 克
虾皮 3 克
洋葱 100 克
青椒 30 克
黑木耳（干）2 克
枸杞 10 克
橄榄油 3 克
亚麻籽油 2 克
食盐 1 克
生抽 1 克

食材营养分析

海参属于高蛋白、低脂肪、低糖、低胆固醇的食材，其含有的特殊成分如海参黏多糖、海参皂苷、甾醇、三萜醇等具有提高免疫力的保健功能。此外，海参的含钙量也很丰富，每 100 克鲜海参含钙 285 毫克。总体来说，海参这种“物以稀为贵”的食材深受人们的追捧。虾皮属于高钙食材，每 100 克虾皮的含钙量是 988 毫克。虾皮口感鲜香，做汤、做馅、拌菜等都非常适合，属于百搭食材。

制作方法

洋葱炒鸡蛋：鸡蛋打散搅匀备用；洋葱洗净，改刀备用；锅内放入橄榄油，淋入蛋液，炒熟后盛出；再次加入少量橄榄油，放入洋葱炒香变软后加入鸡蛋和盐翻炒片刻即可。

温馨提示

市面上海参的价格相对偏高，产妇无须“神话”海参的滋补效果，根据自身情况选择即可。日常推荐的鸡蛋、鱼虾、禽畜肉、奶制品、豆制品等食材也是优质蛋白质的良好选择，不用刻意购买海参补充蛋白质。

减脂四格月子早餐食谱 9

南瓜红米粥 + 燕麦鸡蛋饼 + 香煎银鳕鱼 + 笋尖拌裙带菜

主食（S 格）：大米、红米、面粉、燕麦片

蛋白质食物（P 格）：银鳕鱼、鸡蛋

蔬菜（V 格）：竹笋、南瓜

补充食材（X 格）：裙带菜

503 千卡

一人份食材数量

大米 20 克	裙带菜（干）1 克
红米 25 克	南瓜 80 克
面粉 20 克	食盐 1 克
燕麦片 10 克	生抽 1 克
银鳕鱼 70 克	橄榄油 2 克
鸡蛋 50 克	花生油 3 克
竹笋 40 克	亚麻籽油 2 克

食材营养分析

银鳕鱼含有丰富的蛋白质、维生素 A、维生素 D、钙、镁等营养成分，口感鲜美，制作简单。需要注意的是，银鳕鱼因其汞含量易超标，所以产妇每周最多吃一次，每次 75 ~ 100 克为宜。裙带菜低热量、低脂，富含矿物质，钙含量比较突出。裙带菜等藻类含褐藻多糖，褐藻多糖是一种可溶性膳食纤维，有调节血糖、改善便秘等作用，特别适合需要减脂的产妇食用。

制作方法

香煎银鳕鱼：银鳕鱼提前解冻，煎鱼前用厨房纸巾把鱼表面的水分蘸干，鱼身均匀地撒少量盐，静置 10 分钟左右。电饼铛开上下火，倒少量油，小火煎 5 分钟左右即可食用。

温馨提示

裙带菜做汤、拌菜、拌馅或者制作其他美食都是不错的选择，口感细嫩爽滑，深受大家的喜爱。市售的裙带菜大多是干制品，做之前温水泡发 5 分钟左右即可。对于有甲状腺相关疾病的产妇，海带、紫菜、裙带菜等高碘食材需要在专科医生的指导下食用。

减脂四格月子早餐食谱 10

紫米莲子粥 + 蒸红薯 + 青椒炒虾仁 + 裙带菜拌豆腐

主食（S 格）：大米、紫米、红薯

蛋白质食物（P 格）：豆腐、虾仁

蔬菜（V 格）：青椒、胡萝卜、洋葱、裙带菜

补充食材（X 格）：莲子

515 千卡

一人份食材数量

大米 35 克	胡萝卜 30 克
紫米 10 克	洋葱 20 克
红薯 80 克	裙带菜 1 克
莲子 30 克	亚麻籽油 3 克
豆腐 60 克	食盐 1.5 克
虾仁 20 克	花生油 3 克
青椒 60 克	生抽 1 克

食材营养分析

莲子是比较常见的药食同源的食材，具有补脾益肾、安神养心的功效，特别适合产妇食用。莲子的能量跟大米饭相当，蛋白质含量在 12% 左右，用以替代部分主食，对健康大有益处。胡萝卜的 β－胡萝卜素含量高达 4000 微克 /100 克，维生素 C 和钾的含量也不低，胡萝卜的营养价值较高且颜色亮丽，不管是作为主菜还是配菜都非常适宜。

制作方法

❶ 紫米莲子粥：大米、紫米和莲子清洗干净后放入电饭煲中，按杂粮粥键操作即可，这三种食材可以同时煮熟，特别方便。

❷ 裙带菜拌豆腐：裙带菜提前泡发，将裙带菜和豆腐焯水并沥干水分后加入蒜末、香菜、亚麻籽油及食盐拌匀即可食用。

温馨提示

有些人大量食用胡萝卜后会出现皮肤黄染的现象，通常这种皮肤黄染对身体没有损害，停止进食后会逐渐消退，不必过多担心。

减脂四格月子早餐食谱 11

紫米饭 + 生蚝佛手瓜豆腐汤 + 彩椒拌金针菇 + 松子

主食（S 格）：大米、紫米

蛋白质食物（P 格）：生蚝、豆腐

蔬菜（V 格）：胡萝卜、佛手瓜、彩椒

补充食材（X 格）：松子、金针菇

520 千卡

一人份食材数量

大米 60 克	金针菇 60 克
紫米 20 克	松子 10 克
生蚝 60 克	食盐 1 克
豆腐 50 克	橄榄油 2 克
胡萝卜 20 克	核桃油 3 克
佛手瓜 40 克	芝麻香油 1 克
彩椒 40 克	生抽 1 克

食材营养分析

生蚝是牡蛎的一种，有“海上牛奶”之称，尤为喜人的是其锌含量非常丰富，每 100 克生蚝的含锌量为 71 毫克，可以满足产妇一天所需。生蚝富含蛋白质、钾、钙和维生素，脂肪含量低，具有很高的营养价值。而且生蚝所含鲜味物质多，制作简单易熟，怎么做都好吃。金针菇富含多种氨基酸、维生素和矿物质，口感鲜嫩爽滑，凉拌、炖炒、涮火锅、做汤等均可。金针菇的钾含量很高，每 100 克金针菇钾含量为 195 毫克。金针菇的能量较低，每 100 克金针菇能量为 26 千卡，所含的多糖类物质对调节肠道菌群很有帮助，尤为适合需要减脂的产妇食用。

制作方法

彩椒拌金针菇：金针菇洗净后焯水，捞出后沥干水分，和切好的彩椒一起装入盘中，加入橄榄油、生抽和蒜末拌匀即可食用。

温馨提示

很多人喜欢生吃生蚝，在这里不建议产妇生吃，有食物中毒风险，对吃母乳的婴儿有潜在危险。

减脂四格月子早餐食谱 12

时蔬玉米饼 + 煮鸡蛋 + 百香果酸奶 + 小番茄

主食（S 格）：小麦面粉、玉米面粉

蛋白质食物（P 格）：无糖酸奶、鸡蛋

蔬菜（V 格）：胡萝卜、佛手瓜、小番茄

补充食材（X 格）：百香果

523 千卡

一人份食材数量

小麦面粉 40 克	佛手瓜 50 克
玉米面粉 20 克	小番茄 50 克
无糖酸奶 200 克	百香果 50 克
鸡蛋 50 克	食盐 1 克
胡萝卜 30 克	橄榄油 3 克

食材营养分析

百香果是一种很“神奇”的水果，果实成熟后散发出香蕉、草莓、凤梨、杧果等十余种水果的混合香味，紫皮的百香果维生素 C 含量更多，黄皮的百香果胡萝卜素含量更多。百香果吃法也很多，可以直接吃，也可以泡水喝，加入酸奶中食用，各种饮品 DIY 等。当产妇把无糖酸奶和百香果搭配在一起食用时，百香果的风味正好可以调节无糖酸奶的酸，非常合适。

制作方法

时蔬玉米饼：佛手瓜和胡萝卜切丝，放入小麦面粉和玉米面粉里，加适量水和盐搅拌成糊状；平底锅内刷油，将面糊倒入锅中，待面饼定型后翻面再烙 3 分钟左右，至两面全熟即可。

温馨提示

水果种类很多，根据果实的形态和特性大致可以分为五类：浆果类，如葡萄、草莓等；瓜果类，如西瓜、哈密瓜等；柑橘类，如柳橙、柚子等；核果类，如桃、李子、大枣、杏子等；仁果类，如苹果、梨等。

减脂四格月子早餐食谱 13

玉米糁粥 + 蒸红薯 + 金针菇拌鸡蛋丝 + 秋葵拌核桃仁

主食（S 格）：大米、玉米糁、红薯

蛋白质食物（P 格）：鸡蛋

蔬菜（V 格）：金针菇、裙带菜、彩椒、秋葵、胡萝卜

补充食材（X 格）：核桃仁

499 千卡

一人份食材数量

大米 25 克	秋葵 40 克
玉米糁 25 克	胡萝卜 20 克
红薯 120 克	核桃仁 10 克
鸡蛋 50 克	食盐 1 克
金针菇 60 克	橄榄油 2 克
裙带菜（干）2 克	核桃油 5 克
彩椒 30 克	生抽 1 克

食材营养分析

玉米糁是去掉胚芽的玉米粒碾碎成小块的产品，因其胚芽被去掉，一部分维生素与矿物质会有损失，所以与整根玉米相比，玉米糁的营养成分会少一些。大米是我们餐桌上最常见的主食，属于精制谷物，在碾磨谷粒的过程中，去掉了大约 30% 的富含 B 族维生素和膳食纤维的外层部分，剩下 70% 左右口感比较细软的“中心”部分，这“中心”部分营养价值较外层部分低很多，所以产妇在吃大米饭时建议加入 1/3 左右的全谷物和杂豆，以提高本餐主食的营养。

制作方法

秋葵拌核桃仁：胡萝卜切片后焯水备用；秋葵清洗干净，去掉根部，焯水过凉后切段备用；将秋葵、胡萝卜和核桃仁放入大碗中，加入蒜末、橄榄油及食盐拌匀即可食用。

温馨提示

秋葵容易受到擦伤，擦伤后很快就会变黑，在挑选和储存时要注意存放，不要挤压。

减脂四格月子早餐食谱 14

山药时蔬燕麦饼 + 冬瓜虾皮汤 + 蒸玉米 + 松子

主食（S 格）：玉米、山药粉、燕麦片

蛋白质食物（P 格）：虾皮、黑豆粉

蔬菜（V 格）：冬瓜、胡萝卜、彩椒、黄瓜

补充食材（X 格）：松子

506 千卡

一人份食材数量

玉米（带棒）165 克
山药粉 25 克
燕麦片 15 克
虾皮 4 克
黑豆粉 20 克
冬瓜 100 克
胡萝卜 30 克
彩椒 30 克
黄瓜 30 克
松子 10 克
食盐 1.5 克
芥花油 3 克
核桃油 3 克

食材营养分析

黑豆作为大豆的一种，富含优质蛋白质、不饱和脂肪酸、大豆皂苷及多种脂溶性维生素，是营养价值很高的食物，有助于补充优质蛋白质，也有润肠通便的作用。黑豆粉可以直接冲调成一杯香浓可口的黑豆浆粉，也可以跟小麦粉、玉米粉及其他蔬菜一起调成面糊烙饼，口感软糯，利于消化吸收，特别适合产妇食用。黄瓜是一种比较常见的蔬菜，口感清新，鲜脆多汁，深受人们的喜爱。黄瓜热量低、水分足，不管是直接吃，还是炒菜、拌菜、做沙拉等都非常方便。

制作方法

冬瓜虾皮汤：冬瓜和胡萝卜去皮、切块，锅中放少许油，葱末、姜末、蒜末爆香后放入冬瓜和胡萝卜煸炒，待冬瓜变得有点透明后，加入适量清水，水开后加入虾皮小火煮 10 分钟左右，出锅前加盐和核桃油即可。

温馨提示

购买黑豆粉时要仔细看配料表，避免添加糖，对于需要减脂的产妇要尤为注意。

减脂四格月子午／晚餐食谱 28 例

减脂四格月子午 / 晚餐食谱 1

小米燕麦粥 + 鸡块炖山药 + 秋葵拌虾仁 + 蒸玉米

主食（S 格）：小米、燕麦片、玉米

蛋白质食物（P 格）：鸡肉、虾仁

蔬菜（V 格）：香菇、胡萝卜、秋葵、彩椒

补充食材（X 格）：山药

617 千卡

一人份食材数量

小米 40 克	彩椒 20 克
燕麦片 10 克	山药 75 克
玉米（带棒）120 克	食盐 1.5 克
鸡肉 75 克	大豆油 5 克
虾仁 20 克	橄榄油 1 克
香菇 40 克	芝麻香油 1 克
胡萝卜 40 克	酱油 1 克
秋葵 60 克	生抽 1 克

食材营养分析

玉米是常见的杂粮之一，富含镁、钾、玉米黄素和 B 族维生素等营养素，直接蒸煮或搭配其他食材做沙拉、玉米粒炒饭或拌饭等都很方便。玉米属低脂肪、高膳食纤维的食材，非常适合需要减脂的产妇食用。

制作方法

鸡块炖山药：山药、胡萝卜去皮切块备用；鸡肉和香菇分别清洗焯水，备用；锅中倒入大豆油，加入葱末、姜末、蒜末爆香，下入鸡块和酱油翻炒均匀后加入足量的水，小火慢炖 40 分钟，然后将山药、胡萝卜和香菇入锅继续炖 20 分钟左右，出锅前加入食盐即可。

温馨提示

酱油是家庭中非常普遍又不可或缺的调味品，分生抽、老抽等类型，优先选择酿造酱油及配料表中氨基酸态氮含量高的产品。

酱油的含盐量较高，通常 10 毫升酱油中含盐量大约为 1.5 克，所以烹饪时一定要注意酱油的食用量，避免用多。

减脂四格月子午 / 晚餐食谱 2

三色藜麦饭 + 鸡块蘑菇汤 + 荷兰豆炒山药 + 裙带菜黄瓜拌核桃仁

主食（S 格）：大米、三色藜麦、山药

蛋白质食物（P 格）：鸡肉

蔬菜（V 格）：胡萝卜、荷兰豆、彩椒、裙带菜、黄瓜、蘑菇

补充食材（X 格）：核桃仁

622 千卡

一人份食材数量

大米 50 克
三色藜麦 20 克
山药 50 克
鸡肉 75 克
胡萝卜 40 克
荷兰豆 100 克
彩椒 20 克
裙带菜（干）2 克
黄瓜 60 克
蘑菇（鲜）50 克
核桃仁 10 克
食盐 2 克
橄榄油 4 克
紫苏籽油 2 克
生抽 1 克
酱油 2 克

食材营养分析

荷兰豆味道鲜美，口感甜嫩，是很值得推荐的鲜豆类食材，每 100 克荷兰豆含膳食纤维高达 6.8 克，对防治产妇便秘有很好的作用。

制作方法

荷兰豆炒山药：山药去皮后洗净，切片；彩椒洗净切块，备用；荷兰豆洗净后焯水备用；锅内倒入橄榄油，下入葱末、姜末、蒜末爆香，加入山药和彩椒翻炒，炒至彩椒稍变软后加入荷兰豆继续翻炒片刻，最后加入少量酱油和盐翻炒均匀即可出锅。

控盐小妙招

哺乳期妇女每天加碘食盐的推荐量是 5 克。为什么强调使用“加碘食盐”呢？因为乳母膳食碘推荐摄入量比非哺乳女性增加一倍。另外，有甲状腺相关疾病的产妇需要听从医生的建议进行补碘。产妇可用醋、柠檬汁等酸味调味汁替代一部分盐；炒菜快出锅时放盐，会让盐的口感突出；多采用蒸、煮等方式烹调。久而久之，就会降低对“重口味”的欲望。

减脂四格月子午 / 晚餐食谱 3

燕麦胚芽紫米饭 + 家焖牛仔骨 + 萝卜丝鲜虾汤 + 芹菜拌花生

主食（S 格）：大米、燕麦胚芽米、紫米

蛋白质食物（P 格）：海虾、牛仔骨

蔬菜（V 格）：青萝卜、胡萝卜、芹菜茎

补充食材（X 格）：花生

一人份食材数量

大米 60 克
燕麦胚芽米 20 克
紫米 10 克
海虾 30 克
牛仔骨 75 克
青萝卜 100 克
胡萝卜 40 克
芹菜茎 50 克
花生（生）10 克
食盐 2 克
紫苏籽油 4 克
豆油 3 克
芝麻香油 1 克
酱油 1 克
生抽 1 克

食材营养分析

牛仔骨就是带骨的牛小排部分，肉质鲜香，富含蛋白质、多种维生素和微量元素等，煎烤或蒸炖都很好吃。不过，对于需要减脂的产妇来说，尽量选择蒸炖的烹调方式，可以减少脂肪的摄入。

制作方法

❶ 燕麦胚芽紫米饭：将大米、紫米和燕麦胚芽米淘洗干净，加入适量的水，放入电饭煲中按米饭键操作即可。这三种米可以同熟，不需要提前浸泡。

❷ 家焖牛仔骨：牛仔骨提前用冷水泡 1 小时，备用；热锅下油，加入葱末、姜末、蒜末爆香，下入牛仔骨，加水、香叶和酱油焖煮 20 分钟，加盐，收汁后即可出锅。

温馨提示

乳母每天的蛋白质需要量较成年女性要增加 25 克。鱼、禽、肉、蛋、奶及大豆制品都是优质蛋白质的良好来源，关于优质蛋白质食物，每天最好选用 3 种以上，合理搭配，以满足机体对蛋白质和其他营养素的需要。

减脂四格月子午 / 晚餐食谱 4

玉米糁饭 + 番茄裙带菜虾仁汤 + 大白菜炖豆腐 + 黄瓜

主食（S 格）：大米、玉米糁

蛋白质食物（P 格）：虾仁、豆腐

蔬菜（V 格）：胡萝卜、黑木耳、番茄、裙带菜、黄瓜

补充食材（X 格）：大白菜

594 千卡

一人份食材数量

大米 50 克	黄瓜 80 克
玉米粒 30 克	大白菜 150 克
虾仁 40 克	食盐 1.5 克
豆腐 70 克	葵花籽油 5 克
胡萝卜 30 克	橄榄油 2 克
黑木耳（干）3 克	芝麻香油 1 克
番茄 100 克	酱油 1 克
裙带菜（干）3 克	生抽 1 克

食材营养分析

大白菜是非常常见的十字花科蔬菜，每 100 克大白菜含维生素 C30 毫克，还含有胡萝卜素、叶酸、膳食纤维等营养素，这种低热量的百搭食材深受产妇们的喜爱。橄榄油含有一种特殊的脂肪酸，即油酸，在保持产妇食用油总量不变的前提下增加橄榄油的摄入比例，可以起到调节血脂及保护心脏健康的作用。除此之外，橄榄油还富含胡萝卜素、维生素 E、植物甾醇及绿原酸等营养物质。

制作方法

大白菜炖豆腐：木耳洗净，提前泡发，备用；大白菜、胡萝卜改刀备用；豆腐切块备用；锅内倒入葵花籽油，放入葱末、姜末、蒜末爆香后加入大白菜和胡萝卜翻炒，待大白菜稍变软后加入木耳、豆腐及少量酱油翻炒片刻，加水，中火炖 15 分钟左右，出锅前加盐即可。

温馨提示

为避免营养素的损失，初榨橄榄油在使用的过程中要尽量避免煎炸等高温烹调；精炼橄榄油低温烹调及高温烹调均可。

减脂四格月子午 / 晚餐食谱 5

玉米饼 + 青椒山药炒鸡蛋 + 冬瓜虾皮汤 + 奶白菜拌花生

主食（S 格）：玉米面粉、小麦面粉、黄豆粉、山药

蛋白质食物（P 格）：鸡蛋、虾皮

蔬菜（V 格）：冬瓜、胡萝卜、青椒、奶白菜

补充食材（X 格）：花生仁

607 千卡

一人份食材数量

玉米面粉 40 克
小麦面粉 20 克
黄豆粉 20 克
山药 50 克
鸡蛋 50 克
虾皮 15 克
冬瓜 120 克
胡萝卜 30 克
青椒 100 克
奶白菜 50 克
花生仁 10 克
食盐 2 克
酵母 0.5 克
花生油 4 克
亚麻籽油 4 克
生抽 1 克
酱油 1 克

食材营养分析

奶白菜是非常常见的绿叶菜，其热量低，富含钙、维生素 C 等营养素。奶白菜的叶片翠绿鲜嫩，叶柄洁白似玉，口感清脆，非常适合超重及肥胖的产妇食用，凉拌、清炒及做汤都是不错的选择。

制作方法

玉米饼：把玉米面粉、小麦面粉和黄豆粉放在盆里，加入开水搅拌成絮状，静置，以降低温度，待面团变得温热后加入酵母，揉成一个表面光滑的面团，盖上盖子或者覆上保鲜膜发酵至两倍大；将发好的面团移到撒了干面粉的面板上，揉面 2 ～ 3 分钟左右排气，接着将面团切成合适的大小并揉成圆形的饼坯，进行二次发酵；用小火预热平底锅，刷上少量花生油，放入玉米面饼坯轻煎定型，加入适量的水，盖上锅盖焖蒸 15 分钟左右，待锅底无水即可出锅。

温馨提示

上述做法做出来的玉米饼香软可口，还减少了食用油的摄入。另外，加了黄豆粉的玉米饼营养价值也有所增加。

减脂四格月子午／晚餐食谱 6

二米饭 + 香煎银鳕鱼 + 小白菜豆腐汤 + 芹叶拌茄子

主食（S 格）：大米、小米

蛋白质食物（P 格）：豆腐、银鳕鱼

蔬菜（V 格）：小白菜、芹菜叶、胡萝卜

补充食材（X 格）：茄子

598 千卡

一人份食材数量

大米 60 克
小米 30 克
豆腐 70 克
银鳕鱼 70 克
小白菜 60 克
芹菜叶 40 克
胡萝卜 30 克
茄子 120 克
食盐 2 克
橄榄油 2 克
大豆油 3 克
芝麻香油 1 克
亚麻籽油 2 克
陈醋 1 克
生抽 1 克

食材营养分析

茄子是低热量的食材，每 100 克茄子的热量是 25 千卡，富含抗氧化物质，而且茄子含果胶类膳食纤维，能延缓食物的消化速度，增加饱腹感，特别适合需要减脂的产妇食用。醋里含有钙、钾、镁及 B 族维生素等营养素，还有解腻、去腥、增进食欲、除膻味等作用，是一种值得提倡食用的调味品。在烹调的过程中，用醋给菜肴提味增鲜的同时，可以相应地少加点盐，避免高盐饮食对健康的影响。

制作方法

芹叶拌茄子：茄子蒸熟后凉凉备用；芹菜叶及胡萝卜改刀备用；把茄子撕成长条，用手轻轻地攥除水分；把茄子条、芹菜叶和胡萝卜放入大碗中，加入蒜蓉、芝麻香油、亚麻籽油、盐、陈醋和生抽拌匀即可食用。

如何让茄子不“吸油”

茄子的果肉组织很疏松，按照常规的烹饪方式特别“吸油”，建议在烹饪前把茄子蒸熟，相当于用水把果肉组织填满，再根据自己的喜好进行烹饪。

减脂四格月子午 / 晚餐食谱 7

豆沙包 + 山药玉米鸡汤 + 牛油果虾仁蔬菜沙拉 + 蒸南瓜

主食（S 格）：小麦粉、红豆、山药、玉米

蛋白质食物（P 格）：鸡肉、虾仁

蔬菜（V 格）：生菜、小番茄、胡萝卜、南瓜

补充食材（X 格）：牛油果

636 千卡

一人份食材数量

小麦粉 50 克
红豆 20 克
山药 50 克
玉米 60 克
鸡肉 60 克
虾仁 20 克
生菜 80 克
小番茄 60 克
胡萝卜 30 克
南瓜 60 克
牛油果 40 克
食盐 1.5 克
酵母 0.5 克
绵白糖 2 克
芝麻香油 1 克
亚麻籽油 2 克
生抽 1 克

食材营养分析

牛油果也叫鳄梨，成熟的牛油果皮呈黑色，果肉的味道不是很浓郁，曾有人形容牛油果的口感像沙拉酱。牛油果富含脂肪，每 100 克牛油果含脂肪 15 克，还含有膳食纤维、钾和镁等营养素。牛油果所含的脂肪大多是单不饱和脂肪酸，对心血管非常友好，还有助于降低胆固醇及产妇管理体重。

制作方法

牛油果虾仁蔬菜沙拉：牛油果去核去皮后切片，备用；虾仁提前煮好，备用；生菜和小番茄洗净后改刀，备用；把所有食材放入大碗中，淋入芝麻香油、亚麻籽油、盐、生抽拌匀即可食用。

制作山药的小窍门

本餐的食材里有山药，在削山药皮时如果接触到，手及手臂容易发痒，可以把山药做熟后再去皮，或戴着手套削皮都可以解决这个问题。

减脂四格月子午／晚餐食谱 8

芹菜土豆饼 + 冬瓜玉米排骨汤 + 青椒炒木耳鸡蛋 + 生菜拌花生

637 千卡

主食（S 格）：小麦面粉、土豆、玉米

蛋白质食物（P 格）：鸡蛋、猪小排

蔬菜（V 格）：芹菜茎、胡萝卜、冬瓜、青椒、黑木耳、生菜

补充食材（X 格）：花生仁

一人份食材数量

小麦面粉 60 克	黑木耳（干）3 克
土豆 40 克	生菜 30 克
玉米 40 克	花生仁 8 克
鸡蛋 50 克	食盐 1.5 克
猪小排 40 克	大豆油 3 克
芹菜茎 30 克	橄榄油 2 克
胡萝卜 30 克	芝麻香油 1 克
冬瓜 120 克	生抽 1 克
青椒 100 克	酱油 1 克

食材营养分析

生菜是非常常见的蔬菜，是叶用莴苣的一种，颜色有深绿、浅绿及紫色等，每 100 克生菜含 β - 胡萝卜素高达 1790 微克，生菜的口感脆嫩，含水量高、热量低，生吃、熟吃均可，非常适合需要减脂的产妇食用。

制作方法

芹菜土豆饼：土豆、胡萝卜和芹菜茎切成细丝后，加盐，搅拌均匀，备用；把小麦面粉倒入碗里，加少量水搅拌均匀后加入准备好的菜，继续搅拌，调成糊状；平底锅内刷油，将蔬菜面糊倒入平底锅，待面饼定型后翻面再烙 3 分钟左右，煎至两面全熟即可。

温馨提示

偶尔在新闻中看到吃木耳中毒的报道，严重者可致人死亡。这是因为在高温状态长时间浸泡木耳时滋生了椰毒假单胞菌等致病菌，这些致病菌可以产生毒性极强的米酵菌酸等毒素而导致中毒。产妇及家属在泡发木耳时，一定要保证容器、水和木耳的清洁，尤其在夏天，最好放在冰箱冷藏室泡发并尽快吃完，这样相对安全一些。

减脂四格月子午 / 晚餐食谱 9

燕麦胚芽紫米粥 + 清蒸鲈鱼 + 荷兰豆炒核桃虾仁 + 蒸红薯

主食（S 格）：大米、紫米、燕麦胚芽米、红薯

蛋白质食物（P 格）：鲈鱼、虾仁

蔬菜（V 格）：荷兰豆、彩椒、胡萝卜

补充食材（X 格）：核桃仁

603 千卡

一人份食材数量

大米 40 克	胡萝卜 10 克
紫米 10 克	核桃仁 10 克
燕麦胚芽米 15 克	食盐 2 克
红薯 75 克	大豆油 5 克
鲈鱼 100 克	葵花籽油 5 克
虾仁 20 克	酱油 2 克
荷兰豆 50 克	生抽 1 克
彩椒 40 克	

食材营养分析

鲈鱼是淡水鱼中含 DHA 比较高的品种，肉质白嫩，呈“蒜瓣”肉，含有丰富的蛋白质，非常适合产妇食用。鲈鱼的最佳烹饪方法是清蒸，清蒸可以最大限度地保留鲈鱼中的营养物质。

制作方法

❶ 清蒸鲈鱼：鲈鱼清洗干净后在鱼身上划几刀，少量均匀撒盐，备用；胡萝卜、葱和姜切丝备用；锅中烧水，水开后放入鲈鱼隔水蒸 8 分钟；把葱丝、姜丝和胡萝卜丝摆放在蒸熟的鱼身上，淋上少量酱油，再把烧热的大豆油淋在鱼身上即可。

❷ 燕麦胚芽紫米粥：大米、紫米和燕麦胚芽米淘洗干净后放入电饭煲中，水稍微多一点，按杂粮粥键操作即可。这三种米可以同熟，均无须浸泡。

温馨提示

在鱼的烹调方式上，尽量避免煎炸等高温烹调，煎炸不仅会损失鱼中的 EPA、DHA 的 n-3 多不饱和脂肪酸，也会让产妇摄入更多的热量，不利于产妇的体重管理。

减脂四格月子午／晚餐食谱 10

红豆饭 + 虾仁炒芦笋 + 紫菜蛋花白菜汤 + 小番茄

主食（S 格）：大米、红豆

蛋白质食物（P 格）：鸡蛋、虾仁

蔬菜（V 格）：奶白菜、胡萝卜、芦笋、彩椒、小番茄

补充食材（X 格）：紫菜

614 千卡

一人份食材数量

大米 70 克
红豆 20 克
鸡蛋 50 克
虾仁 50 克
奶白菜 30 克
胡萝卜 10 克
芦笋 100 克
彩椒 30 克
小番茄 60 克
紫菜（干）1 克
食盐 1.5 克
芝麻香油 1 克
核桃油 3 克
橄榄油 5 克
酱油 1 克

食材营养分析

芦笋的口感清新脆爽，营养价值较高，其钾、叶酸及多种维生素的含量都很高，每 100 克芦笋的热量只有 19 千卡，每 100 克芦笋含膳食纤维 1.9 克，低热量、高纤维，非常适合有减重及减脂需求的产妇食用。

制作方法

紫菜蛋花汤：奶白菜洗净后改刀，胡萝卜去皮切丝，备用；鸡蛋打散搅匀备用；锅内加入适量的水，待水开后下入胡萝卜和奶白菜，稍煮片刻后淋入蛋液即可关火，加盐、芝麻香油及核桃油调味，最后加入紫菜即可出锅。

温馨提示

产妇每天分泌乳汁，对水的需求增加，因此尽量每餐都要有汤、粥等汤汤水水的食物。有些产妇不爱喝鱼汤、肉汤、骨头汤和猪蹄汤等偏油的汤，这时可以给产妇做紫菜蛋花汤、小白菜豆腐汤、西红柿蛋花汤、裙带菜虾仁汤等不太油腻的汤，在保证水分的同时，也能让产妇在口感上更容易接受。

减脂四格月子午/晚餐食谱 11

玉米糙燕麦饭 + 蒜薹炒鸡蛋 + 牛肉萝卜汤 + 蒸南瓜

主食（S 格）：大米、玉米糙、燕麦片

蛋白质食物（P 格）：鸡蛋、牛肉

蔬菜（V 格）：青萝卜、胡萝卜、蒜薹、彩椒

补充食材（X 格）：南瓜

628 千卡

一人份食材数量

大米 50 克
玉米糁 25 克
燕麦片 10 克
鸡蛋 50 克
牛肉 50 克
青萝卜 100 克
胡萝卜 20 克
蒜薹 100 克
彩椒 30 克
南瓜 60 克
食盐 2 克
核桃油 3 克
橄榄油 5 克
芝麻香油 1 克
酱油 1 克

食材营养分析

蒜薹也叫蒜毫、蒜苗，是从大蒜中抽出来的花茎，新鲜的蒜薹口感鲜甜，深受人们的喜爱。蒜薹的外皮含有丰富的纤维素，可以刺激肠壁，有调节便秘的效果。蒜薹既可以作主菜，也可以作为调味品食用，在做菜时，适当加入蒜薹可以去腥去膻，提高产妇的食欲。

制作方法

蒜薹炒鸡蛋：鸡蛋打散搅匀备用；彩椒改刀备用；蒜薹加入少量的盐和食用油快速焯水后切段备用；锅内放入橄榄油，把鸡蛋炒熟后盛出；再次加入少量橄榄油，下入彩椒、蒜薹和酱油翻炒，待彩椒稍变软后加入鸡蛋翻炒片刻，加盐调味即可出锅。

温馨提示

消化功能差的产妇不要过量食用蒜薹，避免胃肠不适；在烹饪蒜薹的时候不要时间过长，以免破坏蒜薹中的辣素及大蒜素等成分，影响蒜薹杀菌、提高免疫力的功效。

减脂四格月子午 / 晚餐食谱 12

高粱米南瓜粥 + 盐水大虾 + 洋葱炒鸡蛋 + 玉米双拼

主食（S 格）：高粱米、大米、黑玉米、黄玉米

蛋白质食物（P 格）：鸡蛋、海虾

蔬菜（V 格）：洋葱、青椒、彩椒、南瓜

补充食材（X 格）：核桃仁

621 千卡

一人份食材数量

高粱米 20 克	青椒 50 克
大米 20 克	彩椒 30 克
黑玉米（带棒）80克	南瓜 40 克
黄玉米（带棒）70 克	核桃仁 10 克
鸡蛋 50 克	食盐 2 克
海虾 50 克	葵花籽油 7 克
洋葱 100 克	酱油 1 克

食材营养分析

高粱米也叫蜀黍、茭子等，属全谷物，每 100 克高粱米含蛋白质 10.6 克、脂肪 3.2 克，富含 B 族维生素、烟酸、铁等营养素。高粱米含有少量的单宁，略有涩味，最好搭配其他粮谷类食物一起吃，在丰富口感的同时，还可以进一步提高营养价值。

制作方法

❶ 高粱米南瓜粥：高粱米提前浸泡 2 小时，把南瓜洗净，高粱米、大米淘洗干净，所有食材放入电饭煲中，水稍微多一点，按杂粮粥键操作即可。

❷ 洋葱炒鸡蛋：鸡蛋打散搅匀备用；洋葱、青椒、彩椒改刀备用；锅内放入葵花籽油，鸡蛋炒熟后盛出；再次加入少量葵花籽油，下入青椒、彩椒和洋葱翻炒，待食材稍变软后加入酱油翻炒片刻，最后加入鸡蛋、核桃仁、盐翻炒均匀即可出锅。

温馨提示

大虾是低脂肪、高蛋白的食材，营养丰富，产妇尽量选择蒸煮的烹调方式，避免煎炸等增加油脂的摄入量。

减脂四格月子午 / 晚餐食谱 13

山药豆藜麦大米粥 + 芹菜炒虾仁 + 番茄炒鸡蛋 + 玉米双拼

主食（S 格）：大米、三色藜麦、玉米

蛋白质食物（P 格）：虾仁、鸡蛋

蔬菜（V 格）：芹菜茎、胡萝卜、番茄

补充食材（X 格）：山药豆

613 千卡

一人份食材数量

大米 40 克
三色藜麦 10 克
玉米（带棒）120 克
虾仁 40 克
鸡蛋 50 克
芹菜茎 100 克
胡萝卜 30 克
番茄 120 克
山药豆 50 克
食盐 2 克
花生油 5 克
牛油果油 3 克
酱油 2 克

食材营养分析

山药豆和山药是同一种植物的不同部位，我们吃的圆柱形的山药生长在地下，山药豆长在地上的植株叶腋间位置，也叫山药蛋。山药豆口感和山药相似，淀粉含量很高，还含有丰富的钾元素和镁元素，以及黄酮、多糖和多酚等多种活性成分，营养价值很高。牛油果油是从牛油果中提取的油脂，和橄榄油相似，都富含单不饱和脂肪酸，可以调节血脂及血压，对心血管健康也比较好，因其烟点高，热炒也很适合，稳定性强。

制作方法

山药豆藜麦大米粥：把山药豆、大米和藜麦淘洗干净后放入电饭煲中，按杂粮粥键操作即可。这几种食材可以同熟，不需要提前浸泡。

温馨提示

杂粮虽然有益健康，但不建议产妇用杂粮代替全部的精米精面，杂粮中的抗性淀粉、膳食纤维等含量较高，容易引起胃肠不适。“中国哺乳期妇女平衡膳食宝塔”推荐，产妇每日谷类推荐量为 225 ～ 275 克，其中全谷物和杂豆占 75 ～ 125 克；产妇每日薯类食物推荐量为 75 克。

减脂四格月子午 / 晚餐食谱 14

红米饭 + 春笋山药鸡汤 + 豆芽炒彩椒 + 西蓝花拌虾仁

616 千卡

主食（S 格）：大米、红米

蛋白质食物（P 格）：鸡肉、虾仁

蔬菜（V 格）：春笋、胡萝卜、豆芽、彩椒、芹菜茎、西蓝花

补充食材（X 格）：山药

一人份食材数量

大米 60 克
红米 20 克
山药 50 克
鸡肉 60 克
虾仁 20 克
春笋 80 克
胡萝卜 30 克
豆芽 120 克
彩椒 40 克
芹菜茎 30 克
西蓝花 40 克
食盐 2 克
芥花油 4 克
橄榄油 1 克
芝麻香油 1 克
生抽 1 克
酱油 1 克

食材营养分析

豆芽是维生素和蛋白质的良好来源，味道鲜美，是家庭餐桌上比较常见的食材。豆芽中的异黄酮、维生素 C、维生素 A 等营养物质，有抗氧化及提高机体免疫力的功能。芥花油的油酸含量很高，可以防治动脉粥样硬化和血脂异常，对血糖也有益处，适合各种烹调方式，营养价值高。

制作方法

豆芽炒彩椒：锅中加入适量水，烧开后加入豆芽焯烫片刻后捞出，备用；彩椒和芹菜茎清洗后改刀，备用；锅内放入芥花油，放葱末、姜末、蒜末爆香，下入彩椒和芹菜茎翻炒，待彩椒稍变软后加入酱油和豆芽继续翻炒；最后加盐调味即可出锅。

温馨提示

有些产妇吃豆制品会有胀气的情况，可以适当增加吃豆芽的次数，因为大豆在发芽的过程中，所含的水苏糖等胀气因子会逐渐减少，所以会改善产妇胀气的相应症状。

减脂四格月子午 / 晚餐食谱 15

洋葱芹叶饼 + 香煎银鳕鱼 + 鸭血粉条汤 + 儿菜炒彩椒

主食（S 格）：小麦面粉、粉条

蛋白质食物（P 格）：鸭血、银鳕鱼

蔬菜（V 格）：洋葱、芹菜叶、胡萝卜、竹笋、儿菜、彩椒

补充食材（X 格）：核桃仁

611 千卡

一人份食材数量

小麦面粉 50 克
粉条 30 克
鸭血 40 克
银鳕鱼 50 克
洋葱 30 克
芹菜叶 30 克
胡萝卜 20 克
竹笋 30 克
儿菜 120 克
彩椒 40 克
核桃仁 10 克
食盐 2 克
葵花籽油 8 克
豆油 3 克
芝麻香油 1 克
酱油 1 克

食材营养分析

鸭血是高蛋白、低脂肪的食材，尤其是铁的含量非常高，每 100 克鸭血含铁 30.5 毫克，而且是容易吸收的血红素铁，是贫血产妇补铁补血非常好的选择。儿菜的大名叫抱子芥，也叫抱儿菜，口感细嫩、味道清香，富含多种维生素，凉拌、炒食、做汤等都很不错，焯水后烹调口感更佳。

制作方法

鸭血粉条汤：粉条提前用温水泡软，备用；竹笋焯水，备用；鸭血切块，备用；起锅烧水，水开后加入粉条及鸭血，中小火煮 5 分钟后加入竹笋继续煮 1 分钟，出锅前加盐和芝麻香油调味即可。

温馨提示

每 100 克猪血含铁 8.7 毫克，比鸭血的含铁量低，但仍然比其他大部分的补血食物高。需要注意的是，鸭血和猪血在制作加工的过程中有很多安全隐患，产妇及家属在购买动物血制品时，要选择信誉好及规模大的正规厂家生产的。

减脂四格月子午 / 晚餐食谱 16

三色糙米饭 + 酱牛肉 + 萝卜丝虾汤 + 荷塘小炒

主食（S 格）：大米、三色糙米

蛋白质食物（P 格）：牛肉、海虾

蔬菜（V 格）：青萝卜、荷兰豆、莲藕、胡萝卜

补充食材（X 格）：黑木耳

589 千卡

一人份食材数量

大米 70 克
三色糙米 20 克
牛肉 60 克
海虾 30 克
青萝卜 100 克
荷兰豆 100 克
莲藕 60 克
胡萝卜 30 克
黑木耳（干）3 克
食盐 2 克
大豆油 5 克
亚麻籽油 2 克
芝麻香油 1 克
老抽 2 克
酱油 1 克

食材营养分析

莲藕中含有丰富的膳食纤维、淀粉、蛋白质、维生素等营养成分，分为粉藕和脆藕。凉拌及炒食时脆藕更适合，脆藕质地较脆，口感清脆微甜；煲汤、炖食或制作莲藕糕等小吃时粉藕更适合，因为粉藕的淀粉含量高，口感偏糯。莲藕中所含的膳食纤维大部分是可溶性膳食纤维，适合有减脂、降糖等需求的产妇。

制作方法

荷塘小炒：木耳提前泡发，荷兰豆择好，莲藕、胡萝卜切片，将所有食材洗净焯水，备用；锅内倒入大豆油，下入葱末、姜末、蒜末爆香，下入所有食材翻炒片刻，加少量酱油和盐调味即可出锅。

温馨提示

莲藕是水生蔬菜，有一定的感染寄生虫风险，就算是可以生吃的脆藕，也最好焯水后食用。此外，莲藕的淀粉含量偏高，如果本餐食用莲藕，可适当减少其他主食的摄入量。

减脂四格月子午 / 晚餐食谱 17

薏米红豆粥 + 蒜薹炒虾仁 + 黄瓜拌干豆腐 + 蒸红薯

主食（S 格）：大米、薏米、红豆、红薯

蛋白质食物（P 格）：虾仁、干豆腐

蔬菜（V 格）：蒜薹、彩椒、黄瓜、胡萝卜

补充食材（X 格）：核桃仁

621 千卡

一人份食材数量

大米 20 克	黄瓜 100 克
薏米 15 克	胡萝卜 20 克
红豆 15 克	核桃 10 克
红薯 75 克	食盐 1.5 克
虾仁 40 克	橄榄油 4 克
干豆腐 30 克	芝麻香油 1 克
蒜薹 100 克	紫苏籽油 2 克
彩椒 30 克	酱油 1 克

食材营养分析

薏米又叫薏苡仁、苡仁等，是药食同源的食材，煮粥、焖饭或搭配煲汤都很好吃，口感弹牙有嚼劲，每 100 克薏米含蛋白质 12.8 克，在各种主食食材中是非常突出的。除了高蛋白之外，薏米还富含多糖、薏苡醇和薏苡仁酯等保健成分，有调节血脂、抗氧化及增加免疫力等作用，非常推荐产妇食用。

制作方法

蒜薹炒虾仁：蒜薹洗净切段，和虾仁焯水，备用；彩椒改刀备用；锅内倒入橄榄油，下入葱末、姜末、蒜末爆香，下入彩椒翻炒，待彩椒稍变软后加入蒜薹、虾仁、核桃仁和酱油继续翻炒，最后加盐调味即可出锅。

温馨提示

产妇及家属在购买薏米时尽量选择小包装的，因为薏米的脂肪含量比较高，长时间存放容易有哈喇味。此外，薏米在制作之前需要浸泡，本餐的薏米红豆粥中，薏米和红豆都需要提前浸泡，才能与大米同熟。

减脂四格月子午 / 晚餐食谱 18

藜麦糯米海参粥 + 西蓝花炒虾仁 + 青椒拌藕片 + 蒸玉米

主食（S 格）：藜麦、糯米、大米、玉米

蛋白质食物（P 格）：海参、虾仁

蔬菜（V 格）：西蓝花、胡萝卜、青椒、彩椒、莲藕

补充食材（X 格）：核桃仁

616 千卡

一人份食材数量

藜麦 10 克
糯米 15 克
大米 20 克
玉米（带棒）100 克
海参 40 克
虾仁 40 克
西蓝花 100 克
胡萝卜 30 克
青椒 60 克
彩椒 30 克
莲藕 50 克
核桃仁 10 克
大豆油 5 克
芝麻香油 1 克
亚麻籽油 3 克
食盐 1.5 克
酱油 1 克
生抽 1 克

食材营养分析

糯米呈不透明的白色，营养价值与大米相差不多，口感黏糯，也正因糯米黏性大，过量食用会增加胃肠负担，影响消化功能，所以产妇要注意食用的量。此外，糯米的升糖指数较高，高血糖的产妇要多加注意，避免过量食用影响血糖。

制作方法

❶ 青椒拌藕片：莲藕切片，焯水备用；青椒和彩椒改刀，备用；把上述食材放入大碗中，碗中加入蒜蓉、芝麻香油、亚麻籽油、盐和生抽拌匀即可食用。

❷ 藜麦糯米海参粥：藜麦与糯米一起放入电饭煲中，按杂粮粥键操作；海参是即食的，在粥出锅前放入，产妇在食用时不凉即可。

温馨提示

推荐产妇吃新鲜应季的蔬菜水果，它们水分含量高，营养丰富。腌菜和酱菜是蔬菜储存的一种方式，也是风味食物，但在制作过程中要加入很多盐，所以产妇尽量不吃或少吃。

减脂四格月子午 / 晚餐食谱 19

黑米粥 + 鸡蛋饼 + 清蒸鲈鱼 + 菠菜拌花生

主食（S 格）：黑米、大米、小麦面粉

蛋白质食物（P 格）：鲈鱼、鸡蛋

蔬菜（V 格）：菠菜、胡萝卜、娃娃菜

补充食材（X 格）：花生

608 千卡

一人份食材数量

黑米 10 克	花生 10 克
大米 35 克	食盐 2 克
小麦面粉 40 克	大豆油 3 克
鲈鱼 60 克	橄榄油 3 克
鸡蛋 50 克	亚麻籽油 2 克
菠菜 120 克	酱油 2 克
胡萝卜 10 克	生抽 1 克
娃娃菜 50 克	陈醋 1 克

食材营养分析

黑米、紫米和红米等都是水稻的变种，营养价值高过大米。黑米的多种维生素、钾、镁、膳食纤维等营养素含量都很高，还含有比较多的花青素、多酚等抗氧化物质。在煮粥或者焖饭时，加点黑米是非常好的选择。可以提前将黑米浸泡 1 ～ 2 小时，让黑米充分吸收水分，口感会更好。

制作方法

❶ 菠菜拌花生：菠菜焯水过凉后切段，备用；娃娃菜洗净切丝，备用；把所有食材放入大碗中，加入蒜蓉、亚麻籽油、陈醋、盐和生抽拌匀即可食用。

❷ 鸡蛋饼：鸡蛋打散，加入小麦面粉、葱花、胡萝卜丝、食盐和适量清水，搅拌均匀成糊状；平底锅中喷橄榄油，将面糊倒入，两面烙熟即可。

温馨提示

焖饭或煮粥时，如果加了过多的黑米，整锅饭都是黑的，这是因为黑米所含的花青素不溶于水，掉色是正常的。如果介意做出来的食物颜色太黑，可以适当减少黑米的比例。

减脂四格月子午 / 晚餐食谱 20

红米饭 + 油菜炒虾仁 + 芹菜拌豆腐皮 + 紫菜蛋花汤

主食（S 格）：大米、红米

蛋白质食物（P 格）：鸡蛋、虾仁、虾皮、豆腐皮

蔬菜（V 格）：油菜、胡萝卜、芹菜茎

补充食材（X 格）：紫菜

618 千卡

一人份食材数量

大米 60 克	芹菜茎 40 克
红米 20 克	紫菜（干）1 克
鸡蛋 50 克	食盐 2 克
虾仁 30 克	芝麻香油 2 克
虾皮 10 克	葵花籽油 4 克
豆腐皮 40 克	亚麻籽油 2 克
油菜 120 克	酱油 1 克
胡萝卜 30 克	生抽 1 克

食材营养分析

豆腐皮营养丰富，蛋白质含量高，还有铁、钙等人体所必需的多种微量元素。每 100 克豆腐皮含钙量为 239 毫克，本餐所用的 40 克豆腐皮含钙量将近 100 毫克，含钙量非常不错，适合钙需求较高的产妇食用。豆腐皮还有易消化、吸收快的优点，与蔬菜及肉类等都可以进行很好的搭配。

制作方法

❶ 芹菜拌豆腐皮：豆腐皮焯水后切丝，备用；芹菜茎洗净，改刀备用；把豆腐皮和芹菜茎放入大碗中，加入蒜蓉、亚麻籽油、盐和生抽拌匀即可食用。

❷ 油菜炒虾仁：虾仁焯水备用；油菜洗净切段，胡萝卜去皮切片，备用；锅内倒入葵花籽油，下入葱末、姜末、蒜末爆香，放入胡萝卜翻炒，待胡萝卜稍变软后加入油菜、虾仁和酱油继续翻炒片刻，加盐调味即可出锅。

温馨提示

虾一定要熟透了再吃，因为生虾中可能会含有寄生虫、细菌、病毒等对身体有害的物质，风险较大。

减脂四格月子午 / 晚餐食谱 21

燕麦胚芽紫米饭 + 娃娃菜炒牛肉 + 海带金针菇鲜虾汤 + 西蓝花拌花生

592 千卡

主食（S 格）：大米、燕麦胚芽米、紫米

蛋白质食物（P 格）：海虾、牛肉

蔬菜（V 格）：金针菇、娃娃菜、胡萝卜、西蓝花

补充食材（X 格）：海带、花生

一人份食材数量

大米 50 克
燕麦胚芽米 20 克
紫米 10 克
海虾 50 克
牛肉 75 克
金针菇 50 克
娃娃菜 100 克
胡萝卜 50 克
西蓝花 60 克
海带（干）5 克
花生（生）10 克
食盐 2 克
紫苏籽油 2 克
大豆油 5 克
橄榄油 2 克
酱油 1 克
生抽 1 克

食材营养分析

西蓝花富含 β-胡萝卜素、钙、钾、维生素 C 和膳食纤维等营养素，是非常常见且营养丰富的绿叶蔬菜之一。西蓝花还含有叶黄素、类黄酮、硫氰酸酯类等大量的植物化学物质，具有抗衰老、降血脂、增加免疫力等作用。西蓝花能量低、纤维含量高、饱腹感强，对于有减脂需求的产妇来说一定要常吃。

制作方法

娃娃菜炒牛肉：牛肉洗净切丝，加入少量淀粉和盐，抓拌均匀，备用；娃娃菜和胡萝卜切丝，备用；锅内倒入大豆油，把牛肉下锅翻炒至变色后加入娃娃菜、胡萝卜和酱油继续翻炒，待胡萝卜和娃娃菜都变软后加盐翻炒均匀即可出锅。

温馨提示

很多人觉得娃娃菜或者大白菜的内部很干净，不需要清洗，其实不然。在种植过程中，农药等物质同样会附着在内部，所以在烹饪前需要彻底清洗。

减脂四格月子午 / 晚餐食谱 22

三色藜麦饭 + 蚬子拌豆腐 + 猪肝菠菜汤 + 油菜炒核桃仁

主食（S 格）：大米、三色藜麦

蛋白质食物（P 格）：豆腐、蚬子、猪肝

蔬菜（V 格）：菠菜、胡萝卜、彩椒、油菜

补充食材（X 格）：核桃

618 千卡

一人份食材数量

大米 60 克	油菜 60 克
三色藜麦 20 克	核桃仁 10 克
豆腐 70 克	食盐 2 克
蚬子 75 克	橄榄油 2 克
猪肝 50 克	核桃油 3 克
菠菜 60 克	芝麻香油 1 克
胡萝卜 20 克	生抽 1 克
彩椒 30 克	酱油 1 克

食材营养分析

猪肝富含蛋白质、维生素 A、铁、B 族维生素和叶酸等，营养非常全面。哺乳期女性维生素 A 推荐量比普通成年女性要高，每周增选 1 ～ 2 次猪肝（总量 85 克）或鸡肝（总量 40 克），可以达到推荐摄入量。蚬子有很多种，花蚬子、白蚬子及黄蚬子等，是典型的高蛋白、低脂肪、低能量的食物，锌、钙、钾、镁的含量较高，味道鲜美，深受人们的喜爱。

制作方法

蚬子拌豆腐：蚬子入水煮，去掉外壳，取蚬子肉备用；豆腐切块，焯水备用；彩椒洗净，改刀备用；将上述食材放入大碗中，加入蒜蓉、核桃油、盐和生抽拌匀即可食用。

温馨提示

❶ 制作猪肝时，酱猪肝等烹调方式会损失铁等营养素，产妇及家属尽量选择新鲜猪肝进行烹饪，炒猪肝、猪肝汤等方式会更好地保留营养。

❷ 煮蚬子的汤不要倒掉，这个汤带有咸鲜的味道，可以直接用来做本餐“猪肝菠菜汤”的汤底。

减脂四格月子午 / 晚餐食谱 23

玉米糙饭 + 裙带菜虾仁豆腐汤 + 鸡肉炖南瓜土豆 + 莴笋拌胡萝卜

603 千卡

主食（S 格）：大米、玉米糙、土豆

蛋白质食物（P 格）：虾仁、豆腐、鸡肉

蔬菜（V 格）：莴笋、胡萝卜、南瓜

补充食材（X 格）：裙带菜

一人份食材数量

大米 50 克	南瓜 60 克
玉米糁 20 克	裙带菜（干）3 克
土豆 75 克	食盐 2 克
虾仁 30 克	玉米油 3 克
豆腐 70 克	亚麻籽油 2 克
鸡肉 60 克	芝麻香油 1 克
莴笋 80 克	酱油 2 克
胡萝卜 20 克	生抽 1 克

食材营养分析

莴笋肉质细嫩，含有丰富的膳食纤维，可以增加饱腹感，是搭配减脂餐必不可少的食材。莴笋富含钾，每 100 克莴笋含钾 212 毫克，还含有维生素 C、β-胡萝卜素等营养素，是非常推荐产妇食用的食材。玉米油是在玉米胚芽中榨取的，又称玉米胚芽油，富含维生素 E、植物甾醇等营养物质。玉米油的性质比较稳定，可以用于普通低温烹调方式，不建议高温油炸。

制作方法

❶ 玉米糁饭：玉米糁提前浸泡 3 ～ 4 小时，跟淘洗干净的大米一起放入电饭煲中，按杂粮饭键操作即可。

❷ 莴笋拌胡萝卜：莴笋、胡萝卜切片，焯水备用；把莴笋和胡萝卜放入碗中，加入蒜蓉、亚麻籽油、盐和生抽拌匀即可食用。

温馨提示

莴笋鲜吃和干吃都好吃，干制后的莴笋就是大家熟识的贡菜，吃之前要泡发复水，吃起来口感清爽有韧劲。

减脂四格月子午 / 晚餐食谱 24

山药豆二米粥 + 蒸玉米 + 双椒炒猪肝 + 紫甘蓝拌虾仁

主食（S 格）：大米、小米、山药豆、玉米

蛋白质食物（P 格）：虾仁、猪肝

蔬菜（V 格）：青椒、彩椒、紫甘蓝

补充食材（X 格）：金针菇

590 千卡

一人份食材数量

大米 20 克
小米 20 克
山药豆 50 克
玉米 120 克
虾仁 40 克
猪肝 50 克
青椒 40 克
彩椒 80 克
紫甘蓝 50 克
金针菇 40 克
食盐 1.5 克
葵花籽油 5 克
橄榄油 5 克
酱油 2 克
生抽 1 克

食材营养分析

紫甘蓝是营养价值较高的蔬菜，富含维生素 C、钙、β - 胡萝卜素等，还含有大量的花青素，有抗氧化、抗炎的作用。紫甘蓝最好生吃，这样可以让口感及营养素都保留最佳状态。

制作方法

❶ 双椒炒猪肝：猪肝洗净、切片，备用；青椒和彩椒改刀备用；锅内倒入葵花籽油，放入葱末、姜末、蒜末爆香，猪肝下锅，烹入少量料酒，翻炒至猪肝变色后加入青椒、彩椒和酱油继续翻炒，待青椒和彩椒变软后，加盐翻炒均匀即可出锅。

❷ 紫甘蓝拌虾仁：紫甘蓝洗净切丝，备用；虾仁煮熟，备用；金针菇焯水，备用；把上述食材放入碗中，加入蒜末、橄榄油、盐和生抽拌匀即可食用。

温馨提示

切紫甘蓝的时候，砧板会被染色，这种紫色的来源正是花青素。在酸性条件下，花青素比较稳定，建议炒紫甘蓝的时候适当加醋，防止变色。

减脂四格月子午 / 晚餐食谱 25

荞麦芝麻饼 + 蒜薹炒鸡蛋 + 山药海带结虾皮汤 + 莴笋拌木耳

590 千卡

主食（S 格）：荞麦面粉、小麦面粉、山药

蛋白质食物（P 格）：鸡蛋、虾皮

蔬菜（V 格）：莴笋、胡萝卜、蒜薹、
黑木耳、海带结

补充食材（X 格）：白芝麻

一人份食材数量

荞麦面粉 30 克
小麦面粉 40 克
山药 75 克
鸡蛋 50 克
虾皮 15 克
莴笋 100 克
胡萝卜 30 克
蒜薹 60 克
黑木耳（干）3 克
海带结（干）6 克
白芝麻 5 克
食盐 2 克
大豆油 3 克
橄榄油 6 克
芝麻香油 2 克
生抽 1 克
酱油 1 克

食材营养分析

跟小麦面粉相比，荞麦面粉更好地保留了维生素 B_1、钾、镁、锌、烟酸、维生素 E 等微量营养素，膳食纤维含量是白面粉的 1.6 倍，有助于调控血糖、管理体重。另外，荞麦面粉里所含的芦丁有调节血脂的作用。

制作方法

❶ 荞麦芝麻饼：把荞麦面粉、小麦面粉、葱花和盐放入大碗中，加入适量水搅拌成均匀的糊状，备用；平底锅内刷花生油，将面糊倒入锅中，撒上白芝麻，待面饼定型后翻面再烙 3 分钟左右，煎至两面全熟即可。

❷ 莴笋拌木耳：莴笋切丝，焯水备用；木耳提前泡发后焯水备用；胡萝卜洗净去皮，切丝，焯水备用；把上述食材放入大碗中，加入蒜蓉、橄榄油、陈醋、盐和生抽拌匀即可食用。

温馨提示

纯荞麦面粉没有面筋，口感偏硬不筋道，很多产妇不容易接受，把荞麦面粉和小麦面粉掺杂在一起吃，口感会更好些。

减脂四格月子午 / 晚餐食谱 26

全麦馒头 + 家常带鱼 + 番茄蛋花汤 + 清炒茼蒿

主食（S 格）：全麦面粉、小麦面粉

蛋白质食物（P 格）：鸡蛋、带鱼

蔬菜（V 格）：番茄、茼蒿、胡萝卜

补充食材（X 格）：芹菜叶

610 千卡

一人份食材数量

全麦面粉 50 克
小麦面粉 40 克
鸡蛋 50 克
带鱼 80 克
番茄 100 克
茼蒿 120 克
胡萝卜 30 克
芹菜叶 20 克
食盐 1.5 克
酵母（干）1 克
芝麻香油 1 克
橄榄油 3 克
花生油 3 克
酱油 3 克

食材营养分析

全麦面粉在加工过程中保留了麦粒外层所含的维生素、矿物质、蛋白质及膳食纤维等，非常值得推荐。制作面条、包子、馒头等食物的时候，加入部分全麦面粉或全部使用全麦面粉，可以提高主食的营养价值。茼蒿有独特的香气，可以增加食欲。每 100 克茼蒿含胡萝卜素 1510 微克，它的嫩茎和叶都可以吃，凉拌、炒食、蒸食及涮火锅等都很好吃。茼蒿属于高钠蔬菜，自带咸味，所以烹调时要少放盐。

制作方法

全麦馒头：把酵母用温水化开，加入小麦面粉和全麦面粉中，再加入适量清水，用筷子搅拌成絮状，揉成光滑的面团，盖上保鲜膜发酵；待发酵至 2 倍大时将面团取出，揉面排气后分成合适大小的面剂子并揉圆，放在蒸屉上二次醒发 20 分钟左右；冷水上锅蒸 20 分钟，关火 5 分钟后再打开锅盖，取出馒头即可。

温馨提示

挑选全麦面粉时要看配料表，选全麦面粉在配料表第一位的，最好有全麦面粉添加量的明确标识。

减脂四格月子午／晚餐食谱 27

紫米饭 + 鲈鱼豆腐汤 + 佛手瓜拌彩椒 + 麻酱菜心

主食（S 格）：大米、紫米

蛋白质食物（P 格）：鲈鱼、豆腐

蔬菜（V 格）：芹菜茎、佛手瓜、彩椒、菜心

补充食材（X 格）：黑木耳

604 千卡

一人份食材数量

大米 70 克
紫米 20 克
鲈鱼 50 克
豆腐 70 克
芹菜茎 20 克
佛手瓜 100 克
彩椒 40 克
菜心 60 克
黑木耳（干）3 克
芝麻酱 8 克
食盐 1.5 克
亚麻籽油 3 克
橄榄油 3 克
生抽 1 克

食材营养分析

菜心是营养价值很高的绿叶菜，其 β-胡萝卜素、维生素 C、钾和钙的含量在蔬菜中都名列前茅。菜心热量低、饱腹感强、营养素含量丰富，非常适合有减脂需求的产妇食用。芝麻酱是用整粒芝麻直接制作的，含有芝麻的全部营养成分，如蛋白质、脂肪、多种维生素及矿物质等，营养价值很高。

制作方法

❶ 佛手瓜拌彩椒：木耳提前泡发，焯水，备用；佛手瓜和彩椒改刀备用；把上述食材放入大碗中，加入蒜蓉、亚麻籽油、盐和生抽拌匀即可食用。

❷ 麻酱菜心：菜心焯水过凉后摆在盘子里，芝麻酱加少量温水稀释后直接倒在菜心上即可食用。

温馨提示

芝麻酱是高钙食物，每 100 克芝麻酱含钙 1057 毫克，本餐的“麻酱菜心”只用了 8 克芝麻酱，其含钙量就达到了 85 毫克。需要注意的是，芝麻酱虽然营养价值高，但它也是高脂肪、高能量食物，不宜多吃，容易引起体重增加。

减脂四格月子午／晚餐食谱 28

番茄肉酱意面 + 蒸紫薯 + 家焖牛仔骨 + 莴笋滑子蘑虾皮汤

主食（S 格）：意大利面、紫薯

蛋白质食物（P 格）：牛仔骨、猪里脊、虾皮

蔬菜（V 格）：番茄、洋葱、莴笋、胡萝卜

补充食材（X 格）：滑子蘑

595 千卡

一人份食材数量

意大利面 70 克
紫薯 75 克
牛仔骨 50 克
猪里脊 25 克
虾皮 10 克
番茄 100 克
洋葱 20 克
莴笋 70 克
胡萝卜 30 克
滑子蘑 60 克
食盐 1.5 克
玉米油 6 克
大豆油 3 克
酱油 3 克

食材营养分析

意大利面是用杜伦小麦磨成的，杜伦小麦是硬粒小麦的品种，蛋白质及纤维含量都较高，口感筋道，消化慢，饱腹感强，血糖生成指数（GI）低，特别适合有减脂需求的产妇食用。滑子蘑是比较常见的菌菇类蔬菜，黄褐色，上面有一层黏液，含有蛋白质、多种维生素及矿物质等营养成分，口感独特、味道鲜美，其含有的多糖有提高机体免疫力的功效。

制作方法

莴笋滑子蘑虾皮汤：莴笋切丝，和滑子蘑一起焯水后捞出，备用；胡萝卜切丝备用；锅内倒入玉米油，下入葱末、姜末、蒜末爆香，加入胡萝卜翻炒；待胡萝卜变软后，加入适量的清水，水开后加入莴笋、滑子蘑和虾皮，出锅前加盐调味即可。

温馨提示

购买意大利面的时候要看配料表，选择只有硬质小麦粉和水的，如果配料表中出现小麦粉等，就不是纯正的意大利面了。